Getu Engda Taddesse

Análise Espacial e Temporal Prosopis juliflora Invasão

Getu Engda Taddesse

Análise Espacial e Temporal Prosopis juliflora Invasão

Amibara Afar

ScienciaScripts

Imprint

Any brand names and product names mentioned in this book are subject to trademark, brand or patent protection and are trademarks or registered trademarks of their respective holders. The use of brand names, product names, common names, trade names, product descriptions etc. even without a particular marking in this work is in no way to be construed to mean that such names may be regarded as unrestricted in respect of trademark and brand protection legislation and could thus be used by anyone.

Cover image: www.ingimage.com

This book is a translation from the original published under ISBN 978-620-0-21770-7.

Publisher:
Sciencia Scripts
is a trademark of
Dodo Books Indian Ocean Ltd., member of the OmniScriptum S.R.L Publishing group
str. A.Russo 15, of. 61, Chisinau-2068, Republic of Moldova Europe
Printed at: see last page
ISBN: 978-620-0-87266-1

Índice

1: INTRODUÇÃO..2

2: REVISÃO LITERÁRIA.........................9

3: MATERIAL E MÉTODOS........................37

4: RESULTADOS E DISCUSSÃO................73

5: CONCLUSÕES E RECOMENDAÇÕES.................98

REFERÊNCIAS.............................103

APÊNDICES 113

1: INTRODUÇÃO

1.1 Antecedentes

A Terra tem estado num estado de mudança contínua desde há muito tempo. As mudanças observadas podem ser categorizadas em modificação e conversão total do ambiente. Ficou provado que a transformação é principalmente de terras florestais para terras cultivadas, e de terras de pastagem para terras cultivadas e outros tipos de utilização do solo.

As invasões biológicas e a presença de espécies exóticas são um problema ambiental persistente e dispendioso que tem sido objecto de intensas actividades de gestão ao longo das últimas décadas (Vitousek et al., 1996). A invasão de espécies exóticas é um problema profuso em algumas das zonas mais sensíveis do mundo do ponto de vista biológico. A razão pela qual essas plantas invadem e se estabelecem em regiões que outrora foram habitadas por espécies indígenas e endémicas pode ser atribuída a várias razões, tais como a continuação de perturbações antropogénicas, tais como a conversão de terras, o pastoreio e a fragmentação de habitats, juntamente com o comércio internacional e as alterações climáticas, indicam que é provável que estas tendências se mantenham (Zedler e Kerceher, 2004).

A invasão de comunidades de plantas nativas por outras espécies indesejáveis é uma das causas de modificação do ambiente. Hoje em dia, a invasão de espécies exóticas (também chamadas espécies não indígenas) é um dos desafios para a maioria das comunidades rurais da Etiópia. A maioria da população depende da terra e dos recursos da terra, a pobreza rural tornou-se comum e os recursos naturais estão a diminuir e a degradar-se de tempos a tempos de forma alarmante. Este problema é também agravado pelas espécies invasoras, através da invasão de terras agrícolas, de pastagem e protegidas no Estado Regional da Nação Afar.

Uma planta naturalmente agressiva pode ser especialmente invasiva quando é introduzida num novo habitat. Estas espécies podem ter impactos económicos adversos ao reduzir o rendimento das culturas ou a qualidade das pastagens e podem ter impactos ecológicos negativos, incluindo a redução da biodiversidade, pondo em perigo comunidades raras e alterando processos como o ciclo dos nutrientes (Higgins et al., 1999). Uma planta invasiva é aquela que se estabelece em grandes áreas e persiste. A invasividade é caracterizada por um crescimento vegetativo robusto, elevada taxa de reprodução, produção abundante de sementes, elevada taxa de germinação de sementes e longevidade. Embora a data exacta e a origem da introdução de *P. juliflora* na Etiópia não tenham sido documentadas, acredita-se que tenha sido introduzida da Índia na década de 1970 pelo Ministério da Agricultura para fins de conservação. Desde então, a árvore invadiu rapidamente vastas áreas de terras agro e silvo-pastoris no Afar National Regional State e em Harargae oriental (Shiferaw et al., 2004).

Pelo contrário, a população local sugeriu que foi introduzida deliberadamente mas não autorizada por um britânico chamado William Ulcro, que era responsável pelo Projecto de Rega Middle Awash (Kassahun et al., 2004). Deveria ter sido introduzido em 1972. Desta vez descreveu que as sementes de *P. juliflora* foram plantadas com o consentimento dos idosos locais que foram informados sobre o seu benefício.

A invasão está a ameaçar a subsistência dos pastores e agro-pastoris devido à perda de pastagens e árvores indígenas e à destruição de terras de cultivo (Shiferaw et al., 2004). O governo da Etiópia identificou *P. juliflora* como uma das três principais espécies vegetais invasoras do país e declarou como uma erva daninha nociva para erradicação (Mwangi e Andorinha, 2005). FARM África, em colaboração com o governo local na ANRS, a Etiópia ajudou as comunidades locais a pilotar uma iniciativa de controlo de *P. juliflora* através da produção e comercialização de carvão vegetal. Esta iniciativa foi iniciada em 2004 com o objectivo de limpar *P. juliflora* de pastagens e terras agrícolas e de criar oportunidades de geração de rendimentos para a população local afectada pela invasão. Quatro comunidades foram organizadas em cooperativas para a intervenção e aconselhadas a cortar a árvore pelo menos 10cm abaixo do solo para evitar a talhadia (Shiferaw et al., 2004) e assim contribuir para o controlo da propagação, utilizando a madeira para a produção de carvão vegetal e combustíveis. As cooperativas foram autorizadas pelo governo a produzir e comercializar carvão vegetal, uma vez que se trata de uma actividade proibida no país.

A EIAR, a Etiópia e o CABI, através do projecto do PNUA/GEF "Remoção dos obstáculos à gestão de plantas invasivas em África", com as iniciativas locais e as ONG (FARM África e outras), tem vindo a executar, desde 2006, as actividades de assistência às comunidades locais, para pilotar uma iniciativa de controlo de *P. juliflora* através de formação, sensibilização, organização desde Kebeles até ao nível regional para combater esta espécie invasiva utilizando os meios possíveis.

A Política Ambiental da Etiópia (EPE) e a Estratégia e Plano de Acção em matéria de Biodiversidade (NBSAP) identificaram espécies invasivas como representando uma ameaça importante para a biodiversidade e o bem-estar económico da população. No entanto, até à data, apenas foram feitas poucas tentativas para avaliar o estatuto das espécies exóticas invasoras (NIC), pelo que as espécies que se sabe constituírem uma ameaça já se encontram generalizadas.

Na Etiópia, a agressiva invasão de *P. juliflora*, que se encontra predominantemente na zona árida e pastoral da Etiópia, como as regiões de Afar e Dire Dawa, está a deslocar a árvore nativa, formando matas impermeáveis e reduzindo o potencial de pastoreio. As terras agrícolas e áreas protegidas como o Parque Nacional de Awash estão ameaçadas (Mwangi e Andorinha, 2005). *P. juliflora* está a competir fortemente pelo espaço com o pastoreio, a agricultura, a floresta e as terras protegidas. Na bacia do Awash, está a invadir agressivamente as zonas de pastagem, especialmente no vale do Awash médio e superior. Mesmo que os agricultores estejam a beneficiar da venda de carvão vegetal, sendo a quebra do vento e a redução da salinidade da área que provém da espécie, devido aos seus muitos problemas no sistema de pastoreio, as explorações estatais, os agricultores, os trabalhadores do desenvolvimento, os investigadores, os ecologistas e os políticos estão no maior desafio sobre a forma de gerir e erradicar esta espécie da área. O objectivo deste estudo é mostrar a expansão espacial e temporal desta espécie para que as partes interessadas tomem as medidas necessárias e uma política forte por parte do governo, a fim de se livrarem do risco de invasão e dos desafios sobre os meios de subsistência e os recursos da biodiversidade.

1.2 Declaração do problema

Prosopis juliflora tem um carácter invasor agressivo que invade as pastagens, as terras cultivadas irrigadas e os canais de irrigação provocando uma deslocação irreversível das gramíneas de pastagem naturais, bem como das espécies arbóreas autóctones. A invasividade das espécies parece ter sido ainda mais agravada pelo sobrepastoreio/sobrepastoreio de serras e pela desflorestação de espécies arbóreas autóctones.

A invasão de serras causou escassez de pastagens para o gado, o que resultou numa redução drástica do número de cabeças de gado, bem como do produto. Os espinhos danificam os olhos e os cascos dos camelos, burros e gado, e depois, por envenenamento, acabam por levar à morte. *P. juliflora* está a invadir potenciais terras agrícolas forçando os agricultores locais com menos capital e maquinaria a abandonarem as suas terras agrícolas e o seu povoamento. Em geral, esta é uma questão que preocupa seriamente a vida das populações locais enquanto pastores que dependem do gado para a sua subsistência (Senayit et al., 2004).

O maior desafio, porém, vem da invasão dos canais principais e secundários de irrigação pelo seu denso suporte. Isto limita a visibilidade e acessibilidade aos canais de rega para supervisão e manutenção resultando em risco de inundação e desperdício de água de rega por infiltração (Senayit et al., 2004).

Apesar dos efeitos nocivos das espécies invasoras, os mecanismos subjacentes à dinâmica da invasão são mal compreendidos na Etiópia.

Um trabalho preliminar já foi feito por Shetie, G. (2007), M.Sc Thesis. A maioria dos estudos tendeu a centrar-se na distribuição socioeconómica, biológica e ecológica e na identificação das espécies invasoras alvo numa área mais pequena. Nesta situação, o maior desafio para o governo local e as partes interessadas é como gerir eficazmente as plantas não nativas para preservar a biodiversidade nativa. Por conseguinte, é essencial para a gestão dos recursos (Byers et al., 2002) e para a conservação da biodiversidade poder delimitar a extensão espacial e determinar a gravidade ou intensidade da invasão.

Para compreender como a utilização do solo/cobertura do solo afecta e interage com o sistema global, é necessária informação sobre que mudanças ocorrem, onde e quando ocorrem, o ritmo a que ocorrem e as forças sociais e físicas que impulsionam essas mudanças (Lambin, 1994). Assim, esta investigação tem como objectivo produzir um importante resultado cartográfico que mostre a invasão espacial e temporal das espécies de *P. juliflora*, desenvolvendo a distribuição e a dinâmica de ocupação do solo da área. A este respeito, a teledetecção e os SIG têm um importante contributo para documentar as mudanças reais no uso e cobertura do solo do local do estudo em Afar NRS, em Amibara Woreda.

1.3 Objectivo(s) da investigação

Objectivo geral

O objectivo geral do estudo é ilustrar o grau de invasão de *P. juliflora*, avaliando a distribuição e expansão da espécie na área de estudo durante os últimos 20 anos. Espera-se que a avaliação forneça a dinâmica da utilização do solo/cobertura do solo devido à invasão de *P. juliflora* e que faça avançar o trabalho de investigação futuro para o seu controlo efectivo.

Objectivos específicos:

Avaliar a mudança de ocupação do solo/uso do solo na área de estudo Amibara Woreda durante as últimas duas décadas,

Examinar a distribuição espacial de *P. juliflora* na área de estudo,

Avaliar a dinâmica temporal da invasão de *P. juliflora* e determinar a sua taxa de invasão,

Identificar os tipos de utilização do solo/cobertura do solo que são afectados por *P. juliflora*.

1.4 Questões de investigação

Qual é o grau de invasão de P. juliflora nas diferentes utilizações e ocupação do solo da área de estudo?

Qual é a dinâmica da invasão de P. juliflora ao longo dos tempos?

Que tipo de cobertura terrestre é mais susceptível à invasão de P. juliflora?

Que factores favorecem a invasão de P. juliflora?

2: REVISÃO LITERÁRIA

2.1 Descrição geral do *Prosopis juliflora*

Existe uma preocupação crescente com as árvores, arbustos e gramíneas alóctones invasivos e com as ameaças que estes representam para os meios de subsistência, a biodiversidade e a água nos prados cobertos de sol e com baixa pluviosidade em África. O Quénia, o Sudão e a Etiópia estão cada vez mais preocupados com *P. juliflora*, um arbusto espinhoso, sempre verde, de rápida propagação. Mas *P. juliflora* é um fenómeno global encontrado para além de África no Médio Oriente, na América Latina, nas Antilhas e na Austrália.

P. juliflora (Swarz) DC, natural da América do Norte e Central (Hailu et al., 2004), é um arbusto perene de folha caduca ou uma pequena erva daninha pertencente à família Leguminose. A espécie tem uma grande árvore de copa sempre verde com raiz axial profunda e um sistema radicular lateral bem desenvolvido; a altura varia entre 1-18 metros (Fig. 1), dependendo do tipo de solo em condições áridas e semi áridas.

O género *Prosopis* compreende 44 espécies (Burkart, 1976), das quais apenas uma *P. juliflora* é introduzida na Etiópia. Nas últimas décadas, esta espécie exótica tem atraído muita atenção. São amplamente plantadas como árvores combustíveis e forrageiras de crescimento rápido e resistentes à seca, mas, em muitos países, também se espalharam fora de controlo como ervas daninhas invasoras. *P. juliflora* foi introduzida e naturalizada nos trópicos onde é cultivada para a sombra, madeira, forragem, alimentação e medicina (Kassahun et al., 2004). No entanto, ao contrário do objectivo da sua introdução em diferentes países, escapou ao cultivo e provou ser um invasor severo das terras agrícolas, dos esquemas de irrigação e das terras de várzea (Mohamed, 1997). Foi o que aconteceu em Amibara Woreda durante as últimas décadas.

2.2 Distribuição, mérito e demérito de *P. juliflora*

2.2.1 Distribuição de *P. juliflora* na Etiópia

Pensa-se que Amibara Woreda, de Afar NRS, é o ponto de partida para a propagação de *P. juliflora* na Etiópia. A área representa o ecossistema semi-árido degradado do país. Ao contrário dos objectivos da sua introdução e *P. juliflora* está a invadir rapidamente as terras tradicionais agro-pastoris e silvo-pastoris dos grupos étnicos Afar e Isa no Estado Regional Afar Nacional e invadiu centenas de quilómetros da área de plantação inicial (Senayit et al., 2004; Taye et al., 2004).

Foi também salientado que a espécie se propagou rapidamente na Etiópia Oriental, desde o Middle Awash Valley até ao Upper Awash Valley e ao Eastern Hararghe e a algumas localidades das planícies de Raya Azebo do Tigray do Sul. É agora um avistamento comum desde Awash Arba até Dire Dawa e Harar.

A extensão naturalizada da invasão é desconhecida nesta fase, mas (Rezene et al., 2005) estima-se que esteja na ordem dos 4000 ha, especialmente em Afar NRS. A invasão de *P. juliflora* é também relatada na cidade de Arba Minch e localidades vizinhas na Região Sul do país. Contudo, não foi efectuado qualquer levantamento e monitorização sistemáticos para determinar a distribuição, cobertura de área e densidade de *P. juliflora* na Etiópia.

2.2.2 Demérito de P. juliflora

A espécie introduzida na Etiópia é conhecida pelos seus numerosos efeitos nocivos para a subsistência da população local. Infelizmente, os benefícios de *P. juliflora* foram dramaticamente compensados pela perda global de pastagens naturais (Fig. 2 a 4), a deslocação de árvores nativas, a redução da taxa de encabeçamento, a toxicidade para o gado, a formação de matuguis impenetráveis e o aumento da incidência de pragas nas culturas. De acordo com Shiferaw (2002), *P. juliflora* tem vindo a invadir os lados das estradas, onde é vista como um perigo devido à visibilidade reduzida e entra nos campos de algodão, onde tem de ser removida antes da plantação da cultura em Amibara Woreda.

A limpeza das terras tornou-se dispendiosa para os agricultores das zonas invadidas no Quénia. Só as pessoas mais abastadas podem pagar as terras desbravadas e dedicam-se ao cultivo (Mwangi e Swallow, 2005). Alguns dos agregados familiares foram também deslocados devido à invasão. Incidências de malária e desafios dos predadores são também causadas por *P. juliflora*. Está também a invadir as terras do mato e, obviamente, a substituir a espécie *Acacia*. Várias *Acacia nilotica* crescendo no denso mato de *P. juliflora* foram encontradas mortas, presumivelmente devido à competição pela água com a espécie.

Figura 1: Mata de *Acácia* encontrada ao longo do rio Awash, Adobtelie ANRS (Foto do autor)

Figura 2: Espécies de *Acácia* invadidas por *P. juliflora*, Serkamo ANRS (Foto do Autor)

Figura 3: *P. juliflora* invadindo as terras da serra, Allidegie Plain
(Foto do autor)

Outro impacto relatado na subsistência do povo Afar naquela região é um efeito negativo no seu gado. Especialmente nos anos de seca, o gado alimenta-se das vagens de *P. juliflora*. Uma dieta exclusiva destas vagens envenena o gado e muitos já morreram. A semente dura desta espécie interpõe-se entre a gengiva e os dentes, levando à inflamação e eventual desfiguração do maxilar (Mwangi and Swallow, 2005; Geesing et al., 2004). Como as folhas de *P. juliflora* contêm alloquímicos incluindo tanino, não é palatável aos animais e tem efeito alelofático às culturas, ervas daninhas e outras árvores (Pasiecznik *et al.*, 2001).

De acordo com o relatório da viagem de assistência técnica do USFS citado por Dubale Admasu (2007), os principais efeitos negativos de *P. juliflora* na ANRS são a perda de pastagens e das árvores indígenas (Quadro 1). Do mesmo modo, Worku et al., 2004 mostraram que de *P. juliflora* invadiram o uso do solo/coberturas terrestres; a maioria das espécies vegetais autóctones foi deslocada ou com apenas poucas em número. As que estavam presentes eram doentes e em crescimento retardado.

Quadro 1: Espécies nativas ameaçadas de invasão de *Prosopis* em Gewane e Amibara Woreda

Nome científico	Nome Vernacular	Observação
Acacia tortilis	Eebto	Árvore polivalente
Acacia senegal	Adebo	Árvore polivalente
Acacia nilotica	Keselto	Árvore polivalente
Dobera gelabera	Gersaito	Árvore polivalente
Chrysopogon plumulosus	Durfu	Relva
Cenchrus ciliaris	Srdoitas	Relva
Seataria acromelaena	Mussa	Relva

(Fonte: Dubale Admasu, 2007)

2.2.3 Mérito de P. juliflora

P. juliflora fornece muitas das necessidades das populações que vivem em terras secas do mundo, e tem potencial para fornecer muito mais se o conhecimento sobre a sua utilização for expandido. Contudo, o seu rápido crescimento e resiliência associados a uma forte competitividade e invasão de outros sistemas de utilização do solo/cobertura do solo está a causar um grave dilema. Kassahun et al. (2004) reviram a vantagem mundial de *P. juliflora*. Eles relataram que a madeira desta erva invasiva é excelente como lenha e carvão vegetal;

ramos rectos são usados para postes e postes de vedação na construção de abrigos e casas; a madeira serrada tem uma cor agradável e grão, e encolhe pouco na secagem. O mel produzido a partir das árvores é da mais alta qualidade. A goma exsudativa produzida a partir de feridas na casca é comparável à goma arábica comercial (de *Acacia senegal*) e pode ser encontrada em grandes quantidades.

As folhas são ocasionalmente recolhidas e utilizadas como adubo ou adubo em campos agrícolas, com algumas qualidades fungicidas e insecticidas notáveis. Além disso, a casca é uma fonte de taninos, corantes e fibras, sendo utilizadas diversas partes vegetais na preparação de medicamentos, principalmente para problemas de olhos, pele e estômago (Fig. 5). Estudos de recuperação do solo indicaram que a alcalinidade do solo até 10,4 pH pode ser baixada por Prosopis para o nível normal em 8 anos (Singh e Singh, 1993). Serviu como uma quebra do vento, impedindo o movimento de deriva de areia e tufão. Há uma indicação de redução da temperatura do ar e criação de um clima ameno.

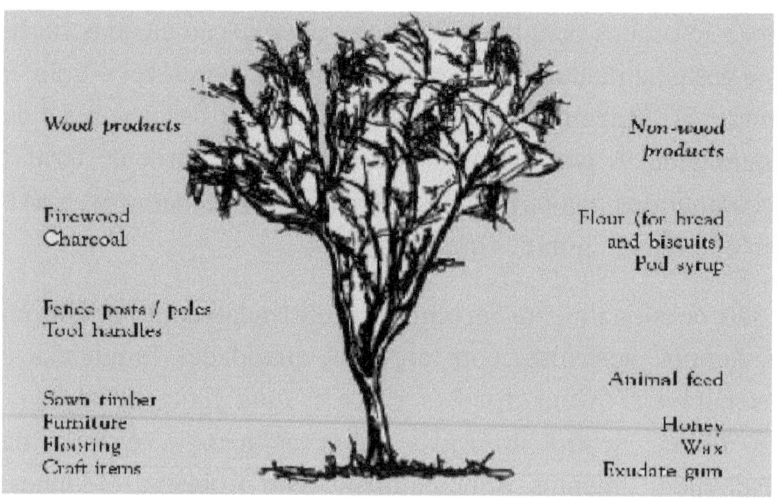

Figura 4: Produtos *Prosopis* comercializados nas suas gamas nativas e ocasionalmente onde foram introduzidos

(Fontes: Pasiecznik, et al., 2004)

No entanto, as principais utilizações do *Prosopis*, como referido por Senayit et al. (2004) na ANRS, são como lenha, controlo da erosão e redução da salinidade do solo circundante. É considerada como uma das árvores resistentes à seca, que pode servir como alimento suplementar durante períodos prolongados de seca ou períodos secos, com o seu risco total para a saúde dos animais.

2.3 Biologia e Ecologia de *P. juliflora*

2.3.1 Biologia e Fisiologia

2.3.1.1 Número de cromossomas

Os números cromossómicos das espécies mais reconhecidas de *Prosopis* foram apurados e todos os taxa são diplóides com um número haplóide de n=14 (2n=28), com excepção de *P. juliflora* que também tem formas tetraplóides (2n=56) (Hunziker et al., 1975). A formação de formas poliplóides tende a ocorrer em populações em rápida expansão ou hibridização, ambas as quais são observadas em *P. juliflora*. A estabilização das formas tetraplóides tem sido sugerida como um processo evolutivo, aumentando a adaptabilidade a ambientes novos ou em mudança.

2.3.1.2 Germinação de sementes

Uma árvore *P. juliflora* madura pode produzir 40 kg de vagens por ano, das quais se podem obter 60.000 sementes, como indicado por Pasiecznik et al. (2004). A espécie está equipada com uma série de características biológicas que favorecem a sua rápida invasão de novas áreas (Hailu et al., 2004).

2.3.1.3 Fisiologia das Folhas

As folhas de *Prosopis* têm muitas adaptações à seca, como as folhas bipinadas, compostas típicas das Mimosoideae. A posse de maior número de folhas mais pequenas é considerada como uma resposta às altas temperaturas, sendo um meio de dissipar o aumento das cargas de calor. Sen e Mehta (1998) encontraram variações sazonais nas concentrações foliares de *P. juliflora* de prolina, açúcar e proteínas, supostamente uma resposta à seca que permite sobreviver melhor do que qualquer espécie em condições áridas e semi-áridas.

2.3.1.4 Variação Fenológica

As espécies de *prosopis* apresentam elevados níveis de variabilidade em caracteres morfológicos. A auto-compatibilidade reprodutiva e o out-crossing obrigatório observado na *P. juliflora* é uma combinação de variação clinal (contínua) em resposta a factores climáticos gerais e de variação ecotipica (descontínua) em resposta a factores ambientais disjuntivos (Burley et al., 1986), ambos observados em *Prosopis*. Estas diferenças nos clones climáticos contínuos, como a temperatura, precipitação e duração do dia, e as diferenças discretas no local, como o tipo de solo, salinidade ou profundidade, combinam-se para criar uma variedade de respostas fenológicas que também permitem superar a luminosidade no ecossistema desértico.

2.3.1.5 Sistemas de Propagação

As espécies de *prosopis* são geralmente consideradas como autocompatíveis (Felker e Clark, 1981). A auto-incompatibilidade foi provavelmente seleccionada de forma positiva para ambientes desérticos, com a obrigatoriedade de cruzamentos que conduzem a uma elevada variabilidade na progénie produzida, tanto dentro das populações naturais como entre elas. A manutenção de uma elevada variabilidade genética pode ser vista como um mecanismo de sobrevivência em zonas secas com uma elevada variabilidade na pluviosidade, temperatura e tipos de solo, e para adaptações evolutivas contínuas a um ambiente em mudança.

2.3.2 Ecologia

O *P. juliflora* tem uma ampla amplitude ecológica adaptada a uma gama muito ampla de solos e tipos de locais, desde dunas de areia a argilas de fendilhação (Pasiecznik et al., 2001). Note-se que não existe praticamente nenhum solo, se não for habitualmente húmido, em que a espécie não possa crescer; nenhum monte demasiado rochoso ou quebrado, nenhum plano demasiado arenoso ou salino, nenhuma duna demasiado deslocada para o excluir totalmente.

P. juliflora cresce em ambientes áridos a semi-áridos, incluindo desertos, bosques abertos, pradarias, zonas arbustivas e planícies aluviais. Tendem a estabelecer-se com mais sucesso nos solos argilosos e aluviais que têm boa retenção de humidade. A humidade do solo é mais importante para determinar a distribuição das espécies do que o tipo de solo. *Os prosopis* colonizam frequentemente terras perturbadas, erodidas, sobrepastoreadas ou afectadas pela seca, associadas a práticas agronómicas insustentáveis (por exemplo, criação de gado). As *prosopis* têm muitas vantagens ecológicas competitivas e podem formar espessuras densas e impenetráveis. No entanto, as plântulas são sensíveis, raramente se estabelecendo sob árvores maduras ou em ervas altas, como é o caso de Amibara woreda (Pasiecznik, 1999).

2.4 Alterações climáticas e a disseminação de espécies invasoras

As alterações climáticas são um processo natural associado à evolução do nosso planeta. Historicamente, os padrões das alterações climáticas têm durado milhares e até milhões de anos. A alteração do ambiente natural, por sua vez, proporciona oportunidades para a ocorrência de outros fenómenos negativos. Um deles é a invasão de espécies exóticas (intencional ou não intencionalmente introduzidas) quando os ecossistemas são perturbados. A invasão de espécies exóticas acarreta uma série de consequências, como a concorrência com espécies locais, perturbando o equilíbrio ecológico, afectando negativamente a agricultura, as práticas de pesca e prejudicando o desenvolvimento socioeconómico.

As espécies invasoras, as alterações climáticas e a perda de habitats são três das principais ameaças à biodiversidade. Um dos impactos das alterações climáticas será provavelmente um aumento dos problemas das espécies invasoras. Quando as espécies nativas são mortas ou stressadas pelas alterações climáticas ou ocorrências afins, podem ser substituídas por espécies invasivas (Cox 2004). Groves et al., (2003) observaram que as plantas nativas em particular são susceptíveis às invasões de ervas daninhas devido à diversidade das espécies de ervas daninhas e porque as ervas daninhas viajam frequentemente mais eficazmente do que as plantas nativas através da paisagem. Áreas de vegetação nativa, tais como parques e reservas nacionais, estão também rodeadas por espécies introduzidas que podem migrar para dentro. As características das espécies que as tornam invasivas irão muitas vezes ajudá-las a ter êxito sob o efeito das alterações climáticas.

Dukes e Mooney (1999) consideram que as alterações climáticas deverão agravar os problemas das espécies invasoras do mundo. As ervas daninhas e outras pragas têm muitas vezes melhores resultados se houver perturbações causadas por incêndios, inundações, exploração madeireira, pastagem de gado ou alterações hidrológicas. Os acontecimentos perturbadores criam oportunidades para que as pragas invasivas tomem o lugar dos nativos. As alterações climáticas têm o potencial de funcionar como um evento de perturbação ao stressarem as populações. Zaveleta e Royval (2002) explicaram: os diebacks associados às alterações climáticas das comunidades de vegetação perene - florestas, bosques e zonas arbustivas - e a perturbação das comunidades faunísticas que os acompanha podem proporcionar novas e generalizadas oportunidades de colonização e disseminação de espécies exóticas amantes da perturbação.

As ervas daninhas crescem frequentemente nas bermas das estradas, onde os veículos as dispersam, o que leva a concluir que as ervas daninhas das bermas das estradas devem ser algumas das primeiras espécies a deslocar as suas gamas à medida que os climas mudam (Dukes and Mooney, 1999). Uma vez que é provável que as zonas climáticas se desloquem mais rapidamente do que as espécies de vida longa podem acompanhar através da reprodução e dispersão, podem resultar comunidades em desequilíbrio, com condições que favorecem indirectamente as espécies de ervas daninhas, muitas das quais são provavelmente alienígenas, como explicou Cox (2004).

A propagação de ervas daninhas das terras agrícolas para a vegetação remanescente é já um problema grave, exacerbado pelos aportes de nutrientes e pelos incêndios. A Austrália tem quase 3.000 espécies de ervas daninhas (Groves et al. , 2003), representando todos os tipos funcionais que constituem habitats (gramíneas e outros solos cobrem arbustos, vinhas, árvores, plantas aquáticas). Em contrapartida, os vertebrados introduzidos, como rãs, répteis e aves, não substituirão espécies nativas em grande escala, uma vez que o conjunto de espécies introduzidas é muito pequeno. Mas as invasões em grande escala por ervas daninhas podem, por si só, alterar profundamente os ecossistemas, porque quase todos os animais em terra acabam por depender das plantas como produtores primários.

Dado que as espécies invasivas e as alterações climáticas são consideradas duas das três principais ameaças à biodiversidade, pode esperar-se que as duas que operam em conjunto produzam resultados extremos. Embora existam alguns impactos das alterações climáticas que permanecem parcialmente especulativos, o papel dos eventos extremos na condução das invasões biológicas está bem estabelecido. Por exemplo, o Departamento das Indústrias Primárias da Nova Gales do Sul (New South Wales Department of Primary Industries) tem uma ficha informativa dedicada às estratégias de combate às ervas daninhas na sequência de secas, incêndios e inundações que se baseia em lições já aprendidas (Trounce e Dellow 2007). Devido à sua maior competitividade, as espécies de ervas daninhas invadem prontamente áreas nus do solo que foram desnudadas de vegetação. A seca, o fogo e mesmo as inundações podem criar estas condições, pois devastam a cobertura do solo existente, eliminando assim toda a competição pela luz, nutrientes, humidade e espaço. A devastação permite o estabelecimento rápido da erva daninha quando chegam condições mais favoráveis.

A zona do vale rift de Amibara Woreda, em Afar NRS, sofreu acontecimentos ambientais tão devastadores como inundações devido ao transbordamento do rio Awash, terras degradadas, estações de seca associadas à invasão alienígena de *P. juliflora* que desafiam a subsistência das comunidades locais e a biodiversidade. O objectivo deste estudo é analisar as consequências deste fenómeno associado, analisando o espaço, o tempo e a dinâmica das espécies exóticas invasoras *P. juliflora.*

2.5 Detecção Remota e Aplicação GIS

2.5.1 Aplicação de teledetecção para cartografia IAS

A teledetecção é a ciência e a arte de obter informação sobre um objecto, área ou fenómeno através da análise dos dados adquiridos por um dispositivo que não está em contacto com o objecto, área ou fenómeno em investigação (Lillesand e Kiefer, 2000). No âmbito deste estudo, o foco da teledetecção é a medição da radiação electromagnética emitida ou reflectida, ou das características espectrais, a partir de um objecto alvo por um sensor de satélite multiespectral. As imagens de satélite de teledetecção são imensamente utilizadas na monitorização e gestão dos recursos naturais, estudando as alterações de tempo a tempo devido à sua cobertura repetitiva especialmente na estimativa e previsão de invasão das NIC.

Embora, no início, a Tecnologia de Teledetecção fosse apenas para uso militar, recentemente tem sido utilizada em aplicações civis como a agricultura, arqueologia, silvicultura, geografia, geologia, planeamento e cartografia, tomada de decisões e em análises de recursos e inventários (Hellden, 1987). Além disso, Larsson e

Stromquist (1991) informaram que a teledetecção poderia ser aplicada nos seguintes domínios: hidrologia, detecção de alterações na utilização e cobertura do solo, monitorização da vegetação, erosão dos solos, degradação dos solos e investigação na monitorização ambiental.

Um sensor multiespectral adquire múltiplas imagens do mesmo objecto alvo em diferentes comprimentos de onda (bandas). Cada banda mede características espectrais únicas sobre o alvo. Uma banda espectral é um conjunto de dados recolhidos pelo sensor com informação de porções discretas do espectro electromagnético que vão desde ondas cósmicas a ondas de rádio (Mather, 1987).

Em relação a este aspecto, as características de reflectância espectral das características comuns da superfície terrestre estão localizadas dentro da gama visível e próxima do meio infravermelho. A reflectância das diferentes características da superfície terrestre varia em função do comprimento de onda da radiação que interage. A reflectância da vegetação, do solo e da água, que são as três principais características da superfície terrestre, apresenta diferentes características de reflectância espectral. A curva de reflectância espectral da vegetação (figura 6) é de imensa utilidade para estudar a invasão das NIC e a previsão futura na área. A maior reflectância é vista na faixa de infravermelhos próximos. Assim, o composto de imagem mais útil para o estudo da vegetação em crescimento activo seria um composto de imagem com a banda de infravermelhos próximos (Monmonier, 2002).

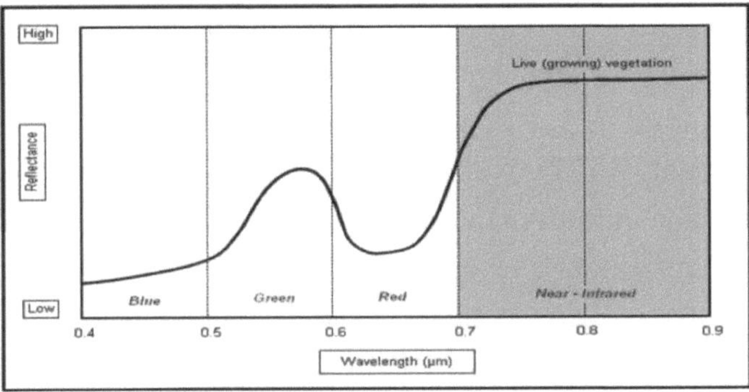

Figura 5: Curva de vegetação em crescimento activo
Fonte: Monmonier, 2002

A utilização de técnicas de teledetecção e, em particular, de dados Landsat, para cartografar a vegetação está bem estabelecida (Everitt et al. , 2001). As técnicas de teledetecção oferecem uma rápida rotação e capacidade de revisão, para além de serem mais rentáveis do que os levantamentos no solo. A teledetecção de última geração pode potencialmente fornecer dados a intervalos frequentes, necessários para quantificar as alterações da cobertura vegetal.

Embora as imagens de satélite estejam disponíveis há quase 30 anos, relativamente poucos estudos relataram a sua utilização para a detecção de plantas nocivas (Hunt et al., 2003). A resolução espacial relativamente grosseira dos dados dos sensores de satélite, em comparação com a fotografia aérea e a videografia, tem limitado a sua utilidade para esta aplicação. No entanto, os sensores de satélite têm demonstrado potencial para a detecção de povoamentos relativamente grandes de ervas daninhas. Richardson et al. (1981), na ARS Weslaco, conduziram um estudo piloto para avaliar os dados de satélite de scanner multiespectral Landsat para detecção de infestações por girassol prateado em terras de cultivo de girassol no Texas. Eles relataram que esta erva daninha anual poderia ser distinguida nas bandas de imagens Landsat 4, 3, e 2, o que concordou com um estudo anterior de Gausman et al. (1977). A ocorrência geográfica de áreas de girassol de folha prateada em um mapa de impressão de linhas gerado a partir da imagem Landsat estava em boa concordância com seus locais fotográficos aéreos conhecidos. Pesquisas adicionais na Weslaco nos anos 90 mostraram a aplicação do satélite francês SPOT para a detecção de ervas daninhas nocivas.

Poucos investigadores tentaram cartografar plantas não nativas utilizando dados que não sejam hiper-espectrais. Por exemplo, Stenback e Congalton (1990) utilizaram a cartografia temática Landsat Thematic Mapper Imagery para cartografar a floresta sob a vegetação do piso. Alcançaram resultados de classificação que variam entre 55 e 69 por cento. May et al. (1997) provaram que os dados de Landsat são mais eficazes em comparação com SPOT para a classificação da vegetação arbustiva, devido à sua maior variabilidade espectral.

O espectro de reflectância da vegetação de detecção remota contém informações sobre o teor de clorofila, o teor de água e a estrutura das folhas e do dossel. Assim, neste estudo foram aplicadas técnicas de teledetecção de modo a identificar espacial e temporalmente a cobertura invasora de *P. juliflora* em Amibara Woreda, que cresce maioritariamente em manchas numa ampla cobertura numa área invadida.

Por conseguinte, este estudo contou com a assistência do CABI e da UICN, juntamente com quatro agências parceiras em quatro países africanos: O Gana, a Zâmbia, o Uganda e a Etiópia, faz parte do projecto integrado - Remoção de Barreiras à Gestão Invasiva de Plantas Exóticas em África (RBIPMA). O Instituto Etíope de Investigação Agrícola (EIAR) faz parte do mesmo, juntamente com outras três agências parceiras que são assistidas pelo UNEP/GEF-fundo. Assim, o objectivo deste estudo é cartografar a infestação ou a taxa de invasão de *P. juliflora* no sítio piloto denominado Amibara Woreda, ANRS.

2.5.2 Aplicação do Sistema de Informação Geográfica para cartografia das NIC

O desenvolvimento do SIG é visto de forma diferente por diferentes estudiosos, com base na percepção do que é o SIG. Devido à falta de uma única definição universalmente aceite para SIG, diferentes autores definiram-no a partir de perspectivas diferentes.

Com base em Draper et al. (2003), o SIG é utilizado para identificar prioridades de gestão, tanto para espécies ameaçadas como para espécies invasivas, a fim de desenvolver programas de conservação eficazes. Investigadores do Jardim Botânico da Universidade de Lisboa utilizaram o SIG para comparar padrões ecológicos a múltiplas escalas para a bryophyte *Bruchia vogesiaca,* ameaçada de extinção. A adequação do habitat das áreas protegidas foi comparada com o impacto do *Carpobrows edulis* invasivo numa reserva natural. A aplicação de SIG ajudou a optimizar os esforços de gestão, identificando áreas prioritárias onde o potencial de expansão de *C. edulis* afectaria mais a diversidade vegetal nativa e ameaçada. A aplicabilidade de métodos está a ser investigada para determinar a utilização entre diferentes espécies e escalas para programas de conservação utilizando SIG.

Além disso, muitos tipos de conjuntos de dados e formatos podem ser utilizados num SIG, dependendo da escala e do âmbito do estudo. Para uma cartografia simples, a fotografia aérea pode ser uma parte vital da catalogação de espécies invasivas. Landsat TM é uma forma popular de imagens de satélite utilizadas para mostrar a cobertura terrestre à medida que muda com o tempo ou como ferramenta de planeamento (Chong et al. , 2001). O tamanho do pixel pode incluir 10m ou 30m, dependendo do conjunto de dados. O IKONOS é outro tipo de imagens de satélite utilizado quando é necessária uma análise detalhada e em grande escala. O SIG pode incorporar muitas variáveis ambientais ao mesmo tempo, incluindo climáticas, topográficas e geológicas. As estatísticas populacionais, o uso do solo humano e as perturbações também podem ser incorporadas para compreender melhor as relações entre os conjuntos de dados e as espécies-alvo.

O SIG permite uma organização mais eficiente dos dados espaciais, levando a uma melhor interpretação e análise. Estudos recentes envolvendo SIG têm mostrado correlações entre a riqueza de espécies invasoras e variáveis como clima, habitat e perturbações antropogénicas. Estas correlações ajudarão e permitirão implementar estratégias eficazes de controlo e gestão, de forma a conservar a biodiversidade. Além disso, a tecnologia SIG ajuda-nos a organizar os dados sobre tais problemas e a compreender as suas associações espaciais e fornece um poderoso meio para analisar e sintetizar informação sobre os mesmos (Pino et al., 2005). Assim, a tecnologia SIG pode ser utilizada para imitar o comportamento de certos aspectos do mundo real. Está a ser usada para modelar o presente, e prever o futuro. Além disso, esta tecnologia é utilizada em estudos de monitorização de ervas daninhas nocivas, invasão de ervas daninhas e mapeamento da susceptibilidade de speared (Aronoff, 1989).

Assim, neste estudo o foco é investigar a taxa de propagação das espécies invasoras *P. juliflora* no sítio piloto para mostrar a sua expansão espacial e temporal, a fim de gerir a sua futura propagação.

2.5.3 Integração da teledetecção e do SIG para a cartografia das NIC

A teledetecção e os SIG são tecnologias intrinsecamente ligadas que, em muitos aspectos, partilham raízes históricas comuns. O problema deste planeta, exige informação em tempo útil, à escala local e global. Mas os dados sobre atributos importantes como a distribuição e dinâmica da população, topografia, ocupação do solo/utilização do solo e suas alterações, recursos hídricos e qualidade do ar são inadequados ou, em algumas áreas, simplesmente não existem. A teledetecção é o único meio prático para adquirir muitos dos dados necessários para enfrentar a grande variedade de desafios que enfrentamos em todas as escalas.

Após o lançamento do landsat-1 em 1972, foi feito um tremendo progresso num período de tempo relativamente curto no desenvolvimento de métodos eficazes de processamento e análise desses dados (Hoffer, 1994). Além disso, na última década tinha-se observado que os rápidos avanços e o aumento significativo na utilização operacional de dados teledetectados tinham aumentado. Para serem analisados e utilizados eficazmente, os dados teledetectados devem ser combinados com outros dados ou informações. A forma mais eficaz de perceber esta situação é no contexto do sistema de informação geográfica.

Durante a última década, as tecnologias de teledetecção, sistema de informação geográfica (SIG) e sistema de posicionamento global (GPS) foram integradas para detectar e cartografar a distribuição de plantas de rangelandas nocivas (Everitt et al., 2001). As observações remotas em formatos georreferenciados ajudam a avaliar a extensão das infestações, a acompanhar as alterações, a desenvolver estratégias de gestão e, de acordo com Hoffer (1994), grande parte do aumento da utilização de dados de teledetecção será devido à integração contínua da teledetecção,

Dados teledetectados utilizados para fornecer dados à nova base de dados SIG, para actualizar a base de dados existente e para avaliar e monitorizar as alterações da utilização do solo/cobertura do solo em vários tipos. A teledetecção não só fornece dados de entrada à base de dados SIG, como também os dados SIG podem frequentemente ser muito úteis na análise dos dados teledetectados e permitir melhorias significativas na precisão da classificação. Assim, para que o SIG seja mais eficaz, necessita de conter dados precisos e actualizados. A melhor forma de actualizar um conjunto de dados SIG é através da análise da informação teledetectada.

Em resumo, a combinação de SIG com sistemas especializados, a utilização da tecnologia GPS para melhorar a captura de dados para SIG e a utilização da teledetecção, especialmente o processamento de imagens, permite uma actualização mais rápida das bases de dados

SIG e, em consequência disso, as duas tecnologias estão intrinsecamente ligadas.

2.6 Técnicas de Classificação de Imagens

As classes de cobertura do terreno são tipicamente mapeadas a partir de dados digitais de detecção remota através do processo de uma classificação de imagem digital supervisionada (Campbell, 1987). O objectivo geral do processo de classificação de imagens é classificar automaticamente todos os pixels de uma imagem em classes ou temas de cobertura terrestre (Lillesand e Kiefer, 1994). A classificação digital pode ser categorizada em dois tipos: classificação supervisionada e não supervisionada. A classificação supervisionada envolve a criação de conjuntos de formação seguidos de uma etapa de classificação. Inversamente, na abordagem da classificação não supervisionada, os dados da imagem são classificados por agregação no agrupamento espectral natural, ou clusters, presentes na imagem com base em algoritmos de clustering. A classificação de imagens não supervisionadas é um método em que o software de interpretação de imagens separa os pixéis de uma imagem com base nos seus valores de reflectância em classes ou clusters sem direcção por parte do analista.

Uma vez concluído este processo, o analista de imagem determina o tipo de ocupação do solo para cada classe com base na interpretação da imagem, informação da verdade do solo, mapas, relatórios de campo, etc. e atribui cada classe a uma categoria específica por agregação. Considerando que a classificação de imagens supervisionada é um método em que o analista define pequenas áreas, chamadas locais de formação, na imagem que são representativas de cada categoria de ocupação do solo desejada. A delimitação de áreas de formação representativas de um tipo de cobertura é mais eficaz quando um analista de imagem tem conhecimento da geografia de uma região e experiência com as propriedades espectrais das classes de cobertura (Skidmore, 1989). O analista de imagem treina então o software para reconhecer os valores espectrais ou as assinaturas associadas aos locais de treino. Após a definição das assinaturas para cada categoria de cobertura, o software utiliza então essas assinaturas para classificar os restantes pixels (ERDAS, 2001).

Os principais classificadores na classificação supervisionada são o classificador de distância mínima à média (MDM), o classificador de paralelepípedo e o classificador de máxima verosimilhança (MLC). O classificador de máxima verosimilhança avalia quantitativamente tanto a variância como a covariância dos padrões de resposta espectral da categoria ao classificar um píxel desconhecido, de modo a que seja considerado como um dos classificadores mais precisos, uma vez que se baseia em parâmetros estatísticos.

2.7 Alteração da utilização do solo/da cobertura do solo

Cada parcela de terra na superfície da Terra é única na cobertura que possui. A utilização e a cobertura do solo são características distintas mas intimamente ligadas à superfície da Terra. A utilização do solo é a forma como o ser humano utiliza a terra e os seus recursos. A agricultura, o desenvolvimento urbano, o pastoreio, a exploração florestal e a exploração mineira constituem exemplos de utilização do solo. Em contrapartida, a ocupação do solo descreve o estado físico da superfície terrestre nas suas categorias, incluindo terras de cultivo, florestas, zonas húmidas, pastagens, estradas e zonas urbanas.

De acordo com Riebsame et al. (1994), a utilização do solo e a alteração da cobertura do solo inclui tanto a conversão de uma categoria de cobertura do solo para outra como a alteração, ou alteração subtil dentro da classe, que afecta o carácter da cobertura do solo sem alterar a sua classificação global. A capacidade de detectar conversões de ocupação do solo é função da cartografia das próprias classes, da extensão espacial da mudança e do contexto temporal em que a mudança ocorre (Singh, 1989). A abordagem da dinâmica de mudança de cobertura que se espera que seja detectada é a primeira ordem de trabalhos.

Do ponto de vista temporal, a mudança de cobertura do solo pode ser efémera, interanual ou semipermanente/permanente. As alterações efémeras são alterações de curto prazo do coberto, tais como inundações ou queimadas sazonais num cenário de savana, que não alteram permanentemente a distribuição dominante do coberto vegetal da paisagem. As alterações interanuais são variações do coberto vegetal devidas, em grande parte, à variabilidade climática a longo prazo, como a alteração da extensão anual dos prados no Sahel ou a redução do coberto florestal de uma zona afectada por uma seca prolongada. As alterações semi-permanentes/permanentes são conversões extensivas do coberto vegetal e incluem novas construções de superfície impermeável, eventos de desflorestação ou a expansão de terras agrícolas. As alterações do coberto vegetal, em comparação com as conversões do coberto vegetal, são uma forma de transformação semi-permanente/permanente dentro de uma determinada categoria de coberto vegetal. Trata-se de uma forma de mudança mais subtil, que inclui exemplos como a degradação da serra devido ao sobrepastoreio e o desbaste florestal devido ao abate selectivo. Utilizando conjuntos de dados globais, todos estes tipos de alterações do coberto vegetal podem ser detectadas.

2.7.1 Detecção de alteração da utilização do solo/da cobertura terrestre

A detecção de alterações é útil em aplicações tão diversas como a análise das alterações do uso do solo, a monitorização das mudanças de cultivo, a avaliação da desflorestação, as alterações sazonais na produção de pastagens, a avaliação dos danos, a monitorização de catástrofes, a análise dia/noite das características térmicas, bem como outras alterações ambientais (Singh, 1989).

O princípio básico na utilização de dados de satélite para a detecção de alterações é que as alterações na cobertura terrestre resultam em alterações dos valores de radiância que podem ser detectadas à distância. Nas últimas duas décadas, foi desenvolvida uma grande variedade de técnicas de detecção de alterações digitais. Singh (1989) fornece resumos excelentes e abrangentes de métodos e técnicas de detecção de alterações digitais. Toda a detecção de alterações digitais é afectada por restrições espaciais, espectrais, temporais e temáticas. O tipo de método implementado pode afectar profundamente as estimativas qualitativas e quantitativas da mudança. Mesmo no mesmo ambiente, abordagens diferentes podem produzir mapas de alterações diferentes. A selecção do método adequado assume, por conseguinte, uma importância considerável. No entanto, nem todas as alterações detectáveis são igualmente importantes para o gestor dos recursos. Por outro lado, é igualmente provável que algumas alterações de interesse não sejam muito bem captadas ou não sejam de todo captadas por um determinado sistema.

Uma comparação pós-classificação foi implementada neste estudo de análise de detecção de alterações espaciais e temporais. De acordo com investigações recentes, a comparação pós-classificação parece ter um desempenho geralmente melhor do que outros métodos de detecção de alterações (Lu et al., 2004); e essas técnicas de monitorização baseadas em dados de satélite multiespectral demonstraram potencial como meio de detecção, identificação e cartografia de alterações em espécies invasivas. Neste estudo, a taxa de invasão de *P. juliflora* entre 1986 e 2007 é analisada utilizando três imagens de satélite.

2.8 Predição de risco de invasão Probabilidade de invasão

Prever a probabilidade de invasão biológica e prováveis invasores tem sido um objectivo de longa data dos ecologistas. Um grande desafio da biologia da invasão reside no desenvolvimento de modelos pré e pós-previsão e na compreensão dos processos de invasão. As espécies introduzidas variam no seu comportamento invasivo em diferentes regiões (Krueger et al., 1998). A consequência de uma dada perturbação depende das propriedades do ecossistema ou da comunidade.

É necessário avaliar a perturbação não em termos dos elementos de um determinado regime, mas sim em termos de trms de efeito ecológico. Neste estudo foi realizado um sistema simples de previsão da alteração do uso do solo/cobertura do solo para mostrar o risco de predição de invasão de P. juliflora após dez, e vinte anos desde 2007 na área de estudo.

3: MATERIAL E MÉTODOS

3.1 Descrição do local do estudo

3.1.1 Localização

A região faz parte do Vale do Grande Rift da África Oriental (Mohr, 1971); caracteriza-se por manchas de florestas secas dispersas, florestas de *Acácia*, terrenos arbustivos, savanas arborizadas e matagais (MOA, 1997). Cerca de 64% da região está degradada e nua devido às duras condições climáticas semi-desérticas (Shiferaw et al., 2004). O estudo foi realizado em Amibara Woreda, zona 3 do Afar National Regional State. A ANRS está localizada na parte nordeste da Etiópia, cobrindo 10% e 29% da terra total do país e das terras baixas, respectivamente (Yirgalem, 2001). Amibara (Fig. 7) é uma das 29 Woredas do ANRS. Encontra-se no vale do Awash Rift, situado a 08°58' - 09°56' N e 40° 08'- 40° 12'E.

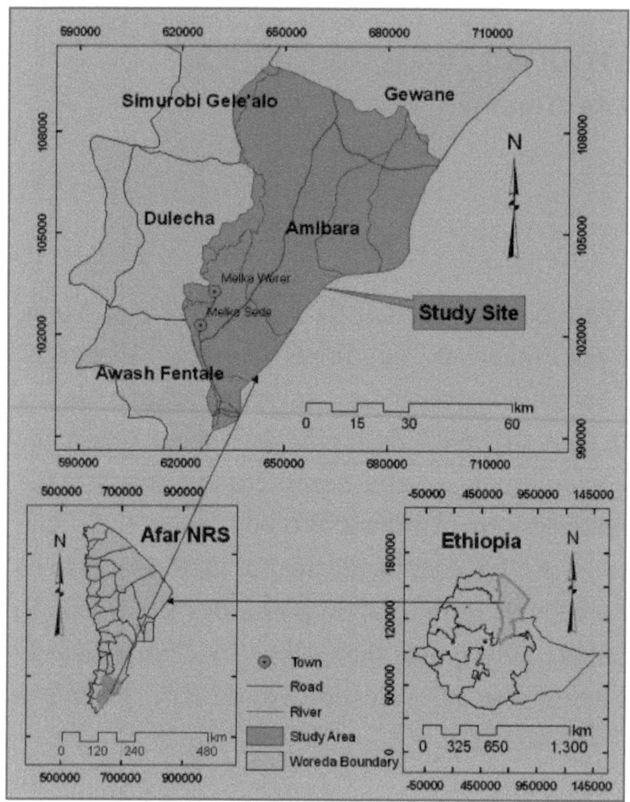

Figura 6: Mapa de Localização da Área de Estudo

Faz fronteira a sul com a Awash Fentale, a oeste com o rio Awash, a noroeste com a Zona 5 Administrativa da ANRS, a norte com a Gewane e a leste com a Região de Oromia. As cidades de Amibara incluem Awash Arba, Awash Sheleko, Melka Sedi e Melka Werer.

A selecção da área de estudo baseou-se numa série de tipos de vegetação (terrenos de cultivo, terrenos de cultivo, povoamentos, terrenos arbustivos abertos, arbustos, bosques de *Acácia* e água) que estavam infestados e não infectados com espécies de *P. juliflora.* Uma

38

consideração secundária foi a distância de viagem de Melka Werer onde se situava o sítio piloto do projecto da RBIPMA.

3.1.2 Clima

A ANRS tem 1600 e 110 metros como altitudes mais altas e mais baixas acima do nível do mar, respectivamente. A precipitação média anual é de 564 mm com uma evapotranspiração anual entre 1400 e 2200 mm (MOA, 1997). As áreas de estudo foram caracterizadas como quentes a quentes húmidas com temperatura média anual de 27oC (Shiferaw et al., 2004).

O padrão de queda de chuva na área de estudo é ilustrado pela análise dos dados da estação de queda de chuva na estação do Centro de Investigação Agrícola de Werer, em funcionamento desde 1980. A maior parte das precipitações cai entre Julho e Agosto (Fig. 8). A quantidade e distribuição da precipitação ao longo do ano é um factor importante influenciando o crescimento e a dinâmica de *P. juliflora* (Elfadl e Luukkanen, 2006). Portanto, foi necessário investigar e analisar os padrões pluviométricos durante o período de estudo.

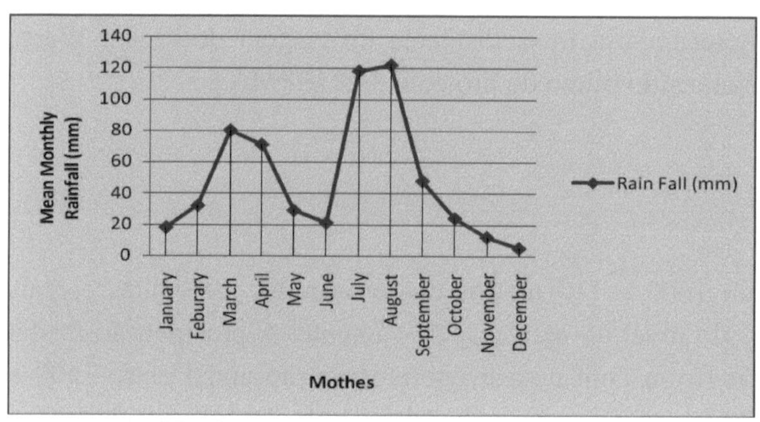

Figura 7: Recorde mensal médio de queda de chuva (1980 a 2007)

A humidade relativa varia entre 38 e 58%. A precipitação na área de estudo tem uma distribuição bimodal Julho-Agosto (principal estação chuvosa) e Fevereiro-Abril (curta estação chuvosa). A precipitação média anual é geralmente inferior a 600 mm (Abdurahaman Ame, 2002). Maio/Junho é a estação mais seca do ano localmente chamada Gagay (quadro 2) ou Primavera, que não é adequada para a navegação, uma vez que os arbustos secam, excepto *Prosopis*.

Quadro 2: Calendário Sazonal de Afar NRS

Não.	Período	Inglês	Amárico	Afaregna	Época
1	Setembro a Dezembro	Outono	Tseday	Gilel	Seco
2	Janeiro a Fevereiro	Inverno	Bega	Sugum	Médio
3	Março a Maio	Primavera	Belg	Gagay	Seco
4	Junho a Agosto	Verão	Kiremt	Kerma	Molhado

(Fontes : "Contingency Plan and Coordination System for Amibera Woreda" Por Amibera Woreda Disaster Management Committee, 2007)

3.1.3 Homem e gado

A região Afar tem uma população de 1.106.383 habitantes e uma superfície de 85.410 km2. A região é uma das zonas do país com baixa densidade populacional, com 13 pessoas por km2. Amibara Woreda, onde se realizou o estudo, tem uma população de 40, 175 habitantes e uma superfície terrestre de 2941 km2. A população pecuária do Amibara Woreda é composta por camelos, bovinos, caprinos, ovinos e burros; 39.995, 103.959, 122.526, 48.043 e 3.888, respectivamente (CSA, 2005).

A pastorícia transumana é o principal sistema de produção nas áreas de estudo onde os bovinos, camelos, caprinos e ovinos são os animais dominantes na criação. Os animais foram criados principalmente pelos seus produtos (leite, produtos lácteos e carne) e rendimentos (Abule et al., 2005). Em alguns bolsos, os pastores também cultivavam culturas com irrigação suplementar a partir de rios permanentes. Algumas pessoas estão também envolvidas em outras tarefas sociais (Tibabu, 1997). A principal área de pastagem do sul de Afar é a serra de Allaidege.

3.1.4 Cobertura vegetal

As classes de cobertura de Amibara Woreda (Quadro 3) podem ser geralmente classificadas em explorações agrícolas estatais, terrenos de mato aberto, terrenos arbustivos, terrenos arbustivos arbustivos, terrenos de pastagem abertos, terrenos pantanosos sazonais e terrenos nus (Abdurahman Ame, 2002), embora a mudança ao longo dos anos não tenha sido bem descrita. Assim, neste estudo, a integração de SIG e teledetecção é utilizada para detectar as alterações de uso e cobertura do solo nos últimos 21 anos (1986-2007) devido a *P. juliflora* em Amibara Woreda, no vale central do rift da Etiópia.

Conhecer a distribuição espacial das várias classes de utilização do solo ao longo dos anos e as mudanças de ocupação do solo, a teledetecção e os SIG desempenham um papel crucial. A informação derivada dos dados de teledetecção, das alterações do uso e ocupação do solo devidas a *P. juliflora* e do seu impacto é muito essencial para planear as medidas de gestão por parte das partes interessadas na área de estudo.

Quadro 3: LU/LC de Amibara Woreda

Não.	Descrição	Extensão (ha)	% no mundo
1	Fazenda Estadual	7956	2.71
2	Terrenos de Bush	40,054	13.62
3	Bush Land	25,195	8.57
4	Terreno arbustivo	151,631	51.55
5	Terrenos com relva	23,179	7.88
6	Terreno pantanoso	19,686	6.69
7	Terra nua	26,405	8.98

(Fonte: Abdurahman Ame, 2002)

3.2 Fontes de dados

Foram recolhidas imagens de satélite e dados auxiliares para identificar a utilização do solo/ocupação do solo histórica e recente. Os materiais utilizados neste estudo foram Landsat TM 1986, ETM+ 2001 e imagem de satélite ASTER 2007, onde todos foram calibrados radiometricamente e corrigidos geometricamente.

3.2.1. Landsat TM e Landsat ETM+

Os conjuntos de dados mais antigos disponíveis e necessários para a área de estudo são os dados do arquivo Landsat TM no Centro de Dados EROS. São utilizadas duas cenas, caminho/fila 167/53 e 167/54, tomadas em Janeiro de 1986 pelo sensor TM a bordo do Landsat 5. Foi utilizada a mesma imagem de percurso/linha do Landsat ETM+ de 28 de Novembro de 2000 e 16 de Fevereiro de 2001. Todos os dados do Landsat foram obtidos a partir do arquivo em linha da GLCF. Os sensores TM e ETM+ são dispositivos avançados de digitalização multiespectral concebidos para obter uma resolução de imagem mais elevada, separação espectral mais nítida, maior fiabilidade geométrica e maior precisão e resolução radiométrica do que o sensor MSS. Tal como os MSS, estes sensores detectam principalmente radiação reflectida da superfície terrestre nos comprimentos de onda visíveis e quase infravermelhos (IR), mas os sensores TM e ETM plus com as suas seis bandas multiespectral e uma banda de infravermelhos térmicos (ETM+) transporta uma banda pancromática adicional com 15 metros de resolução no solo) são capazes de fornecer mais informação espectral do que o sensor MSS.

Têm também maior profundidade radiométrica à medida que os dados são capturados em 8 bits (0-255). O comprimento de onda do sensor TM e ETM+ vai desde o visível, através do Mid-IR, até à parte do Thermal-IR do espectro electromagnético. Estes sensores têm uma resolução espacial de 30 metros para as bandas 1 a 5, e 7, e uma resolução espacial de 120 metros para a banda 6 na TM. A ETM+ tem uma banda pancromática adicional com uma resolução espacial de 15 metros. Esta banda pode ser utilizada para aumentar a resolução no solo das seis bandas multiespectrais através da fusão de imagens. Os satélites orbitam a uma altitude de 705 km e proporcionam 16 dias de enchimento, cobrindo uma faixa de 185 km. Todas as imagens Landsat recolhem dados de detecção remota através da detecção de energia reflectida de objectos à superfície da Terra. O Sol é assim a única fonte de energia necessária na teledetecção visível e reflectora por infravermelhos. O comportamento da reflectância dos objectos varia ao longo da gama do espectro electromagnético.

3.2.2 Imagem ASTER de nível 1B

O Radiómetro de Reflexão e Emissão Térmica (ASTER) é um gerador de imagens multiespectral avançado que foi lançado a bordo da nave espacial Terra da NASA em Dezembro de 1999. O ASTER cobre uma vasta região espectral com 14 bandas desde o visível até ao infravermelho térmico com alta resolução espacial, espectral e radiométrica. Uma banda adicional de aspecto retrógrado, quase infravermelho, proporciona uma cobertura estéreo. A resolução espacial varia com o comprimento de onda: 15 m no visível e infravermelho próximo (VNIR), 30 m no infravermelho de onda curta (SWIR), e 90 m no infravermelho térmico (TIR) como indicado no (Apêndice 3). Cada cena ASTER cobre uma área de 60 x 60 km. O instrumento ASTER produz dois tipos de dados de nível 1: Nível-1A (L1A) e Nível-1B (L1B).

Os dados ASTER L1A são formalmente definidos como dados de instrumentos reconstruídos, não processados, com resolução completa. Consistem nos dados de imagem, nos coeficientes radiométricos, nos coeficientes geométricos e noutros dados auxiliares, sem aplicar os coeficientes aos dados de imagem, mantendo assim os valores originais dos dados. Os dados L1B são gerados pela aplicação destes coeficientes para a calibração radiométrica e a reamostragem geométrica. Estes dados são gerados, por defeito, na projecção UTM em orientação de faixa, e na reamostragem de Convolução Cubica. Os dados de nível ASTER-1B são dados L1A com os coeficientes radiométricos e geométricos aplicados. Todos estes dados são armazenados juntamente com os metadados num ficheiro HDF.

Neste estudo, apenas foram utilizadas as bandas VNIR, três cenas realizadas em Março de 2007. Os dados VNIR com 15m de resolução são actualmente os melhores dados multiespectrais disponíveis comercialmente via satélite, com excepção dos dados IKONOS com 4m de resolução. A comparação da banda SPOT Panchromatic com 10m de resolução mostra que tem uma resolução muito melhor do que os dados ASTER, enquanto uma comparação com a banda Panchromatic 15m no LANDSAT7 ETM+ mostra que a imagem ASTER é melhor tanto em termos espectroscópicos como espaciais.

3.3 Métodos

O procedimento metodológico seguido neste estudo é apresentado utilizando o seguinte fluxograma (Fig. 9). Este mostra os passos seguidos desde a aquisição e classificação da imagem multi-temporal de satélite da área de estudo até à extracção da informação necessária, tanto secundária como primária, para responder às questões de investigação. Os detalhes das actividades realizadas durante estas fases são explicados nas secções do processo.

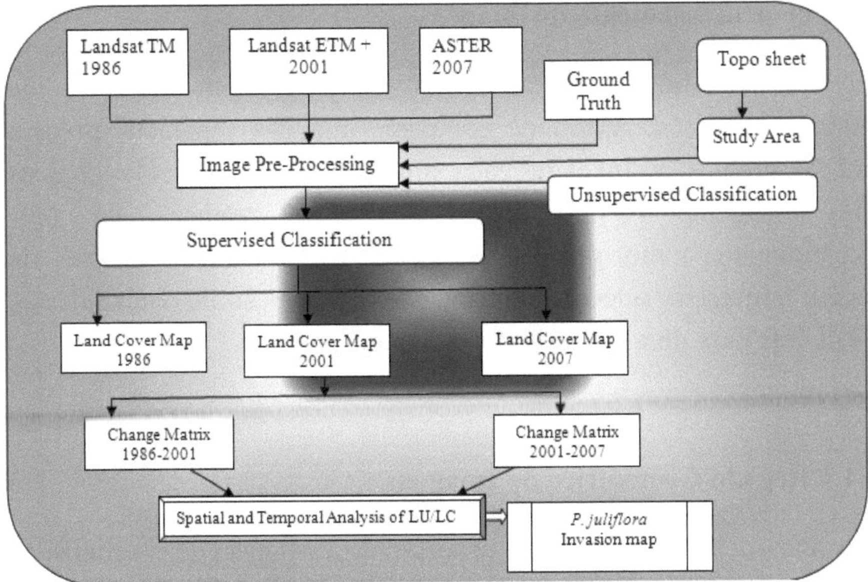

Figura 8: Fluxograma

3.4 Fase de pré-campo

Durante esta fase, toda a informação disponível sobre a área de estudo foi recolhida, compilada e rectificada. Antes do trabalho de campo, tinham sido realizadas as seguintes etapas.

3.4.1 Pré-processamento de imagens

Para este estudo, foram utilizadas imagens multi-temporais de diferentes sensores. A fim de comparar imagens separadas pixel a pixel, as grelhas de pixel de cada imagem devem coincidir com as outras imagens. Assim, foram realizadas técnicas de pré-processamento como geo-referenciação, registo e reprojecção de imagem a imagem, selecção de bandas e composição de cores falsas e verdadeiras para uma classificação adequada.

3.4.1.1 Registo Geométrico de Imagens

A georeferenciação refere-se ao processo de atribuição de coordenadas cartográficas a dados de imagem. Todas as quatro bandas seleccionadas foram abertas separadamente, fornecendo a informação necessária utilizando o software ENVI 4.3 e, para confirmar as grelhas de píxeis e remover quaisquer distorções geométricas nesta imagem, foi registada na projecção UTM, na zona 37 do mapa e no datum do WGS84. O erro RMS é 2.04. Isto significa que o pixel de referência está a 2,04 pixels de distância do pixel retransformado. O erro RMS é a distância entre a localização de entrada (imagem de base) de um GCP e a localização transformada para o mesmo GCP (ERDAS, 2001). Os pontos com erro elevado foram descartados antes do registo. O ajuste da imagem foi considerado aceitável se o erro RMS não fosse superior a 10,0. Os erros RMS globais inferiores a 3,00 foram alcançados para cada transformação. Foi utilizado o método de reamostragem vizinha mais próxima devido ao tempo de processamento mais rápido em comparação com outros métodos de interpolação.

Finalmente, foi utilizada a interpolação vizinha mais próxima que mantém melhor os valores originais de reflectância dos dados de imagem, que é o único método de reamostragem que deve ser realizado antes da classificação da imagem. Uma vez que a grelha de pixels na imagem de origem raramente corresponde à grelha da imagem de referência, os pixels são re-amostragem para que possam ser calculados novos valores para o ficheiro de dados de saída. Assim, os 15m pixéis da banda VNIR da imagem ASTER foram reamostragem para uma resolução de 28,5m. A primeira transformação de ordem forneceu precisão suficiente e reduziu o potencial de introdução de distorções geométricas indesejadas em áreas sem GCP para proporcionar um controlo preciso.

Como uma única imagem ASTER não cobria a área de estudo, foram utilizadas três cenas para cobrir toda a área de estudo. Da mesma forma, foram utilizadas duas cenas Landsat tanto para a TM como para a ETM+. Assim, tanto a imagem Landsat como a ASTER foram subestabelecidas, empilhadas e em mosaico utilizando a ENVI 4.3, de forma a limitar a dimensão da área de estudo a Amibara Woreda.

A classificação sem supervisão foi realizada nas mais recentes imagens ASTER antes da recolha de GCPs (Fig. 10), onde foram identificadas oito classes. Em seguida, a classificação foi feita com estas oito classes, que foram identificadas como água=classe 8, terra arbustiva=classe 7, terra de cultivo=classe 6, terra invadida=classe 4, terra de mato aberto=classe 5, terra cultivada=classe 3, terra nua=classe 2 e floresta de *Acacia=classe* 1 (ver Quadro 4).

3.4.1.2 Selecção de bandas

Todas as oito bandas, na imagem do Landsat ETM+, 3 visíveis, 3 infravermelhos, 1 pancromático e 1 térmica não foram úteis para este estudo. Com o objectivo de reduzir o tempo de processamento informático e de tratar apenas os dados mais importantes, a selecção das bandas foi feita com base na informação obtida na literatura.

O reflexo de uma vegetação saudável é melhor observado no intervalo 0,52 - 0,60 μm (intervalo verde, ~ Banda 2 da ETM e TM). A 0,63 - 0,69 μm (faixa vermelha ~ faixa 3 da ETM e ETM+) a clorofila absorve uma porção considerável da energia recebida. Assim, esta faixa é importante para a identificação de vegetação verde saudável. O espectro quase infravermelho varia entre 0,76 e 0,90 μm nas imagens Landsat TM e ETM+ (conhecida como Banda 4). Ao contrário da faixa anterior, a reflectância das plantas verdes aumenta acentuadamente nesta faixa.

Quadro 4: Descrição dos diferentes LU/LC da área de estudo

Listas LU/LC	Descrição
Terreno de alcance	Caracterizam-se por terem uma camada de erva contínua dominada por gramíneas e sedimentos perenes. Inclui terrenos com árvores dispersas ou manchas de árvores e é utilizado para pastagem e navegação. É também o principal recurso forrageiro para o gado e a fauna selvagem no ecossistema semi-árido.

Mata de *Acácia*	Composto por bosques ou arbustos encontrados ao longo do maior rio perene, principalmente o rio Awash.
Arbusto aberto	Representa uma plantação natural e fragmentada de área de coberto arbustivo onde o gado pasta e navega nesta Woreda.
Terra cultivada	Inclui terras cultivadas herbáceas (terra de cultivo) e lenhosas (por exemplo, pomares, viveiros, exploração algodoeira), bem como áreas de povoamento na área de estudo.
Água	Área explorada com água rodeada de árvores, arbustos, etc.
Terra nua	Composta por solo descoberto, terreno degradado, rochoso e áreas com cobertura vegetal fina ou outro material de terra com pouca ou nenhuma vegetação
Terrenos arbustivos	Áreas dominadas por vegetação lenhosa de menos de 6 metros de altura. Esta classe inclui arbustos verdadeiros, árvores jovens e árvores ou arbustos pequenos ou raquíticos devido às condições ambientais.
Terra invadida	Áreas dominadas por uma espécie *P. juliflora* sempre verde, que é uma espécie exótica, com uma contagem média de árvores acima de 100 povoamentos com altura mínima de 3m com em 900 metros quadrados (30x30m2) de área

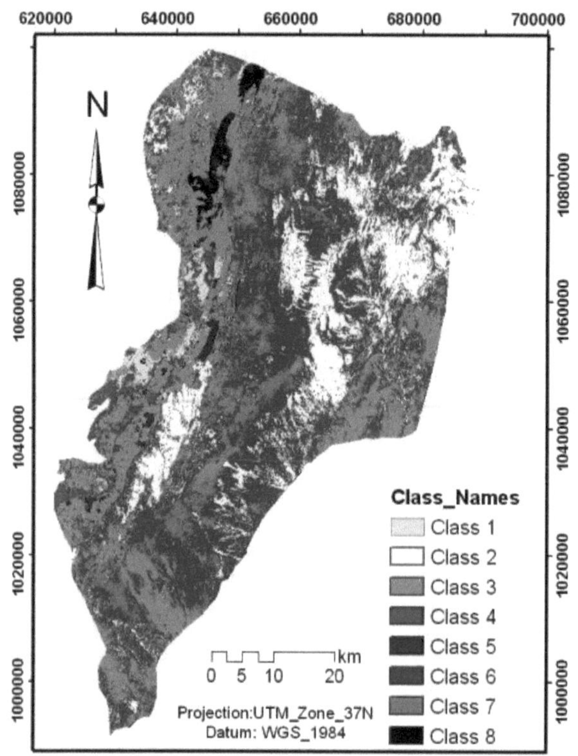

Figura 9: Imagem Classificada não supervisionada de Amibara Woreda, ASTER 2007

Vários índices, que tentam quantificar os atributos de vegetação, utilizam principalmente estas duas gamas devido a este comportamento de reflexão contrastante das plantas nestas gamas espectrais. No extremo médio do infravermelho (1,55 - 1,75 µm ~ Banda 5 na TM e ETM+), é detectado o teor de humidade das plantas. Esta propriedade é especialmente importante nos estudos de observação de culturas agrícolas porque alguns sinais de sombras em

52

stress vegetal, que não podem ser vistos a olho nu, são facilmente discernidos. As características que parecem semelhantes em intervalos visíveis como nuvens, neve e gelo são também claramente identificadas. No intervalo de cobertura espectral entre a banda 3 e a banda 4 (0,69-0,75 µm), foi possível identificar actividades vegetais dependentes da clorofila muito importantes.

Por alguma razão infeliz, os satélites Landsat não digitalizam imagens a esta distância. Por conseguinte, como a banda 6 é uma banda térmica, não é utilizada para a cartografia da cobertura terrestre. É apenas utilizada para cartografar a temperatura de uma superfície. Finalmente, apenas quatro bandas, nomeadamente a banda 2 (verde), a banda 3 (vermelha), a banda 4 (infravermelha próxima) e a banda 5 (infravermelha média), foram seleccionadas para este estudo. Isto porque o estudo é feito em terra firme ou na zona do vale do rift da ANRS. Assumiu-se que existe uma diferença de humidade entre as espécies vegetais ou a vegetação circundante; e uma diferença clara observável da FCC pode ser detectada devido à presença da banda 5 e quando esta não foi incluída.

3.4.1.3 Cor verdadeira e falsa cor composta

O compósito de cor verdadeira (TCC) e o compósito de cor falsa (FCC) foram considerados mais úteis para o processo de identificação das diferentes classes de ocupação do solo na área de estudo (Fig.11, 12 & 13).

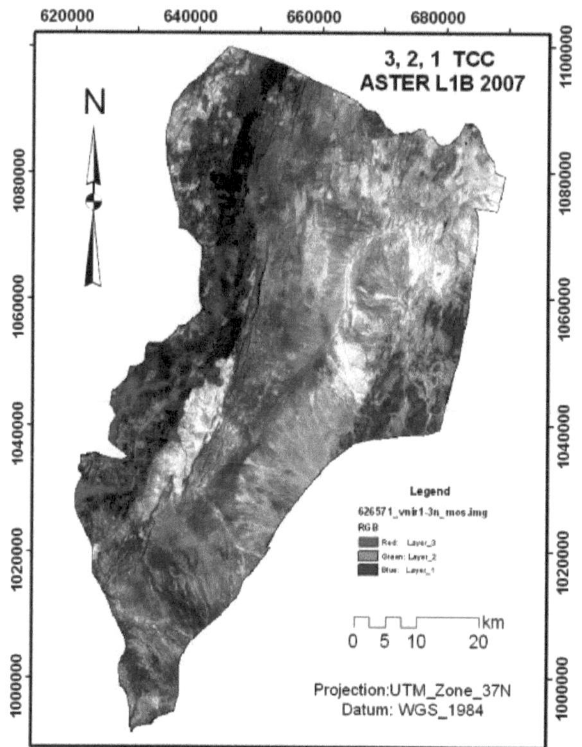

Figura 10: Composto de cor verdadeira (RGB: 321) de Amibara Woreda, ASTER 2007

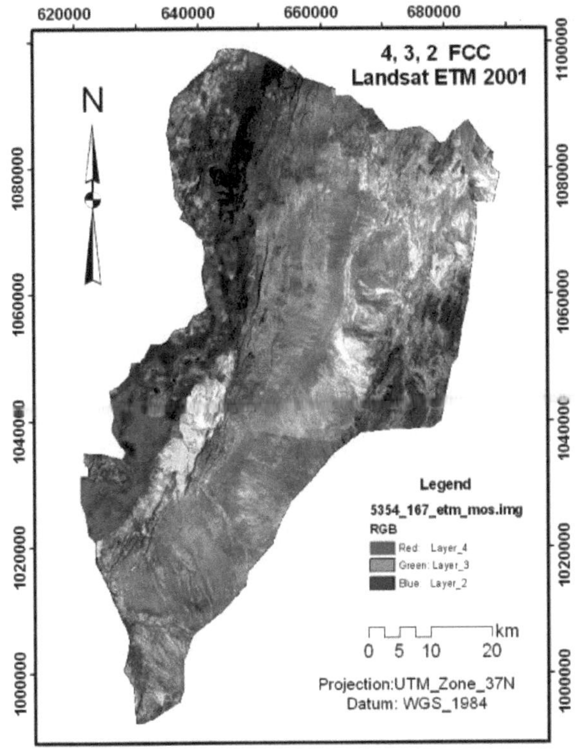

620000
640000
660000
680000
1100000
1080000
1060000
1040000
1020000
1000000
N
4, 3, 2 FCC
Landsat ETM 2001
Legend
5354_167_etm_mos.img
RGB
Red: Layer_4
Green: Layer_3
Blue: Layer_2
km
0   5 10   20
Projection:UTM_Zone_37N
Datum: WGS_1984

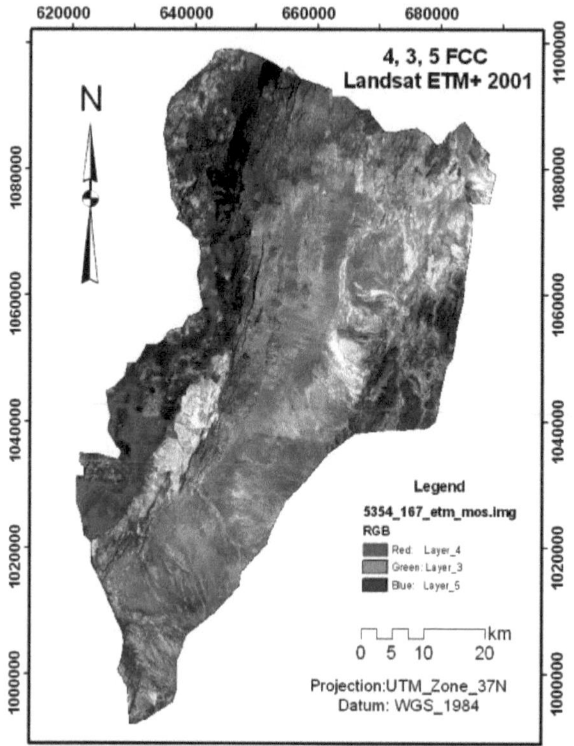

620000
640000
660000
680000
1100000
1080000
1060000
1040000
1020000
1000000
N
4, 3, 5 FCC
Landsat ETM+ 2001
Legend
5354_167_etm_mos.img
RGB
Red: Layer_4
Green: Layer_3
Blue: Layer_5
km
0 5 10 20
Projection:UTM_Zone_37N
Datum: WGS_1984

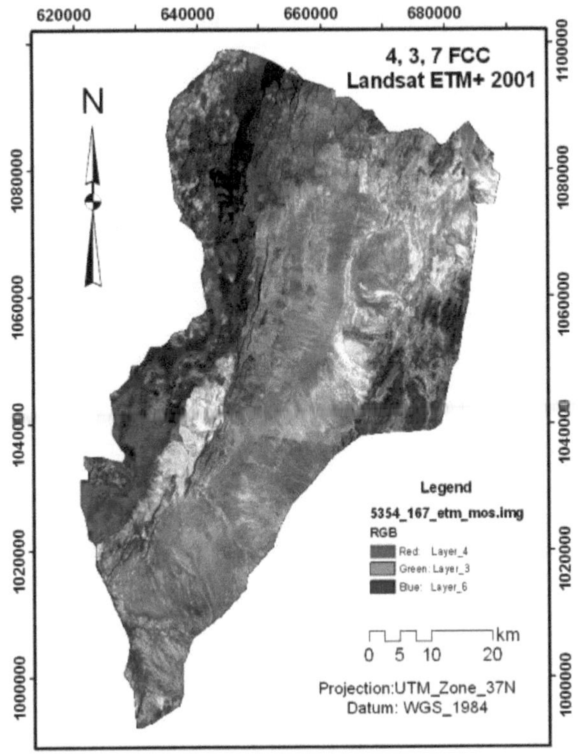

620000
640000
660000
680000
1100000
1080000
1060000
1040000
1020000
1000000
N
4, 3, 7 FCC
Landsat ETM+ 2001
Legend
5354_167_etm_mos.img
RGB
Red: Layer_4
Green: Layer_3
Blue: Layer_6
0 5 10 20 km
Projection:UTM_Zone_37N
Datum: WGS_1984

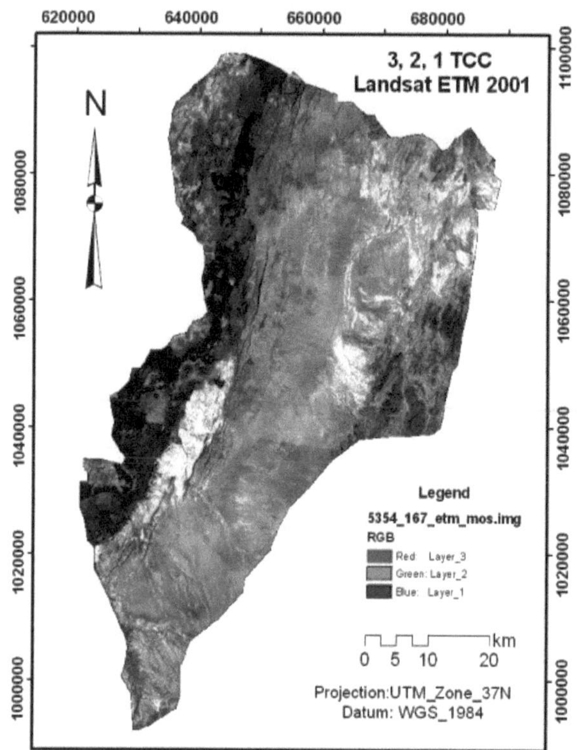

Figura 11: Composto de cor diferente de Amibara Woreda, Landsat ETM+ 2001

620000
640000
660000
680000
1100000
1080000
1060000
1040000
1020000
1000000
N
4, 3, 2 FCC
Landsat TM 1986
Legend
5354_167_tm_mos.img
RGB
Red: Layer_4
Green: Layer_3
Blue: Layer_2
km
0 5 10 20
Projection:UTM_Zone_37N
Datum: WGS_1984

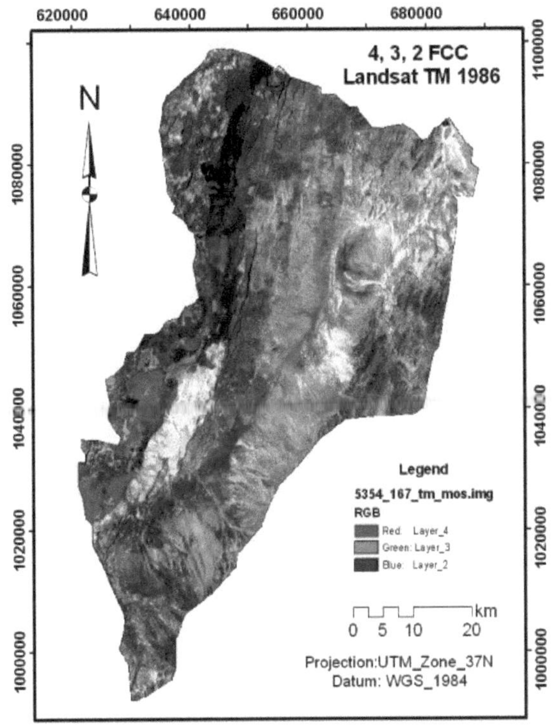

59

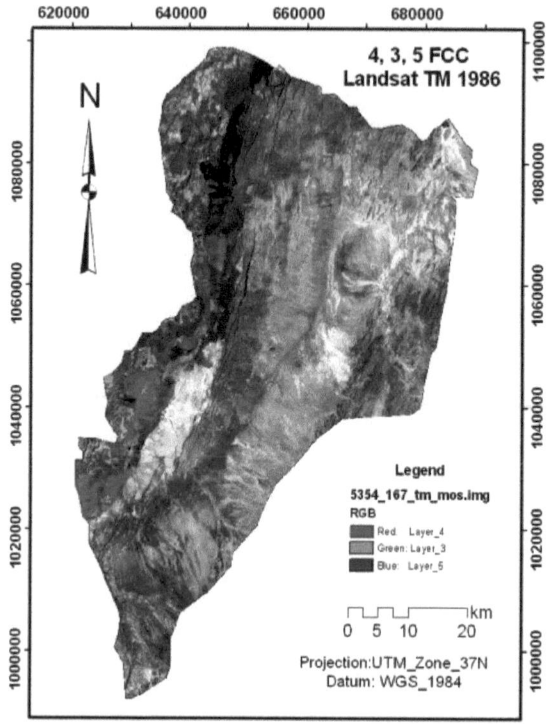

4, 3, 5 FCC
Landsat TM 1986
N
Legend
5354_167_tm_mos.img
RGB
Red: Layer_4
Green: Layer_3
Blue: Layer_5
km
0   5   10   20
Projection:UTM_Zone_37N
Datum: WGS_1984

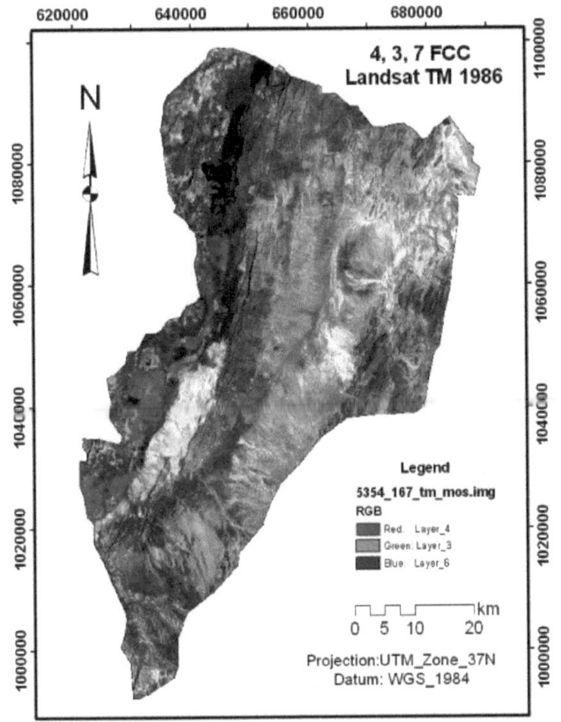

4, 3, 7 FCC
Landsat TM 1986
N
Legend
5354_167_tm_mos.img
RGB
Red: Layer_4
Green: Layer_3
Blue: Layer_6
km
0 5 10 20
Projection:UTM_Zone_37N
Datum: WGS_1984

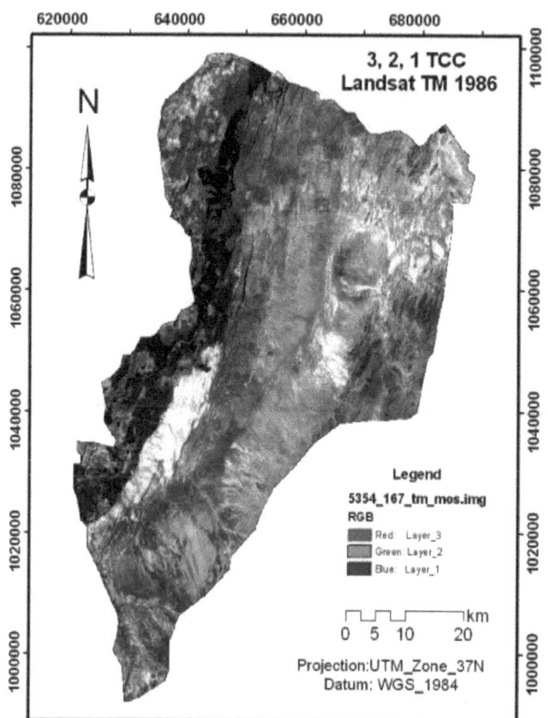

Figura 12: Composto de cor diferente de Amibara Woreda, Landsat TM 1986

As aplicações de bandas para o reconhecimento de diferentes características foram utilizadas com base nas informações anteriores. Particularmente para a classificação supervisionada da imagem Landsat foram verificadas diferentes cores compostas das bandas para uma melhor interpretação visual para além da informação anterior dos locais de estudo.

Por último, foi possível identificar a maioria das categorias de classes de ocupação do solo utilizando o composto de cor vermelha 4, verde 3 e azul 5, que é o composto de cor falsa (FCC). Uma imagem composta de cor verdadeira e falsa cor ajuda a melhorar a visualização e a preparar a imagem para posterior classificação. Na banda NIR (banda 4) a vegetação tem um albedo muito elevado, uma vez que a clorofila (o pigmento das folhas que dão às plantas a sua cor verde) reflecte a energia a este comprimento de onda. Assim, numa imagem composta por 4, 3, 5 NIR e MIR, a vegetação é intensamente retratada como variando os tons de vermelho. Dado que os diferentes tipos de vegetação têm diferentes níveis de clorofila nas suas folhas, cada tipo de planta tem a sua própria tonalidade de vermelho. Isto torna um compósito 4, 3, 5 muito útil para determinar a extensão da vegetação e para classificar os diferentes tipos de vegetação vistos a partir do espaço. A água, que absorve quase toda a energia NIR que atinge a sua superfície, aparece muito escura, quase preta, numa imagem composta de 4, 3, 5 NIR e MIR.

Para a imagem ASTER, uma vez que a imagem foi verificada com base na verdade recolhida, não foram testados os compósitos de cor, no entanto, apenas o verdadeiro compósito de cor foi utilizado para a classificação supervisionada desta imagem.

3.5 Recolha de dados

3.5.1 Imagens de Satélite e Dados Espaciais

As principais informações necessárias para o estudo foram extraídas de imagens de satélite. Os tipos de uso do solo/cobertura do solo em vários momentos foram extraídos de imagens Landsat TM, ETM+, e ASTER. Os rios e as estradas foram gerados a partir de mapas topográficos à escala 1:50 000 através da digitalização manual. A camada das cidades foi feita a partir de GCPs e Topo-sheets.

3.5.2 Dados da Verdade Fundamentada

Para a recolha da verdade sobre o terreno, foi utilizado o GPS (Global Positioning Systems). O GPS fornece à comunidade cartográfica ferramentas poderosas para a aquisição de dados digitais exactos e actuais. Combinado com a detecção remota de alta resolução e SIG para estudos de utilização do solo, o GPS pode fornecer dados de alta precisão sobre a verdade no solo para o desenvolvimento do local de formação. Neste caso, o nível de precisão foi de 7 a 10 m. A classificação sem supervisão foi feita numa imagem ASTER 2007 para a indicação da cobertura do uso do solo na área, que ajuda durante a recolha de GCPs na área de estudo. Foi realizado um trabalho de campo de 22 de Junho de 2008 a 18 de Julho de 2008 com o objectivo de recolher amostras de GCP para cada classe de ocupação do solo incluída no esquema de classificação e para a criação de locais de formação e para a validação da geração de assinaturas para a classificação das imagens ASTER 2007. De cada tipo de vegetação foram retirados quinze quadrantes de 30x30m2 e foi utilizado o método de intercepção de linha para registar a cada 100 metros de intervalo a presença ou ausência de *P. juliflora*. A taxa de invasão foi registada contando o número de *P. juliflora* de > 3m de altura como: terreno invadido baixo (< 30 P. juliflora*)*, terreno invadido médio (30 - 90 P. juliflora), terreno invadido alto (> 100 P. juliflora*) e* nenhum se não houver uma única contagem de P. juliflora *na* área da amostra.

Foi recolhido um total de 126 pontos de observação de campo para a realização da classificação supervisionada das imagens ASTER, conforme indicado no apêndice 1. Os dados secundários foram recolhidos como dados meteorológicos da área de estudo. Foram realizados questionários e entrevistas com a população local dos distritos, de Melka Werer e Melka Sedi, para informação prévia sobre o uso do solo/cobertura do solo. Na maioria das áreas *P. juliflora* foi encontrada a crescer em densidades variadas misturada com terras arbustivas; dentro e em redor das terras cultivadas e dos lados das estradas. Em alguns locais da amostra, devido à forte infestação de densos matos impenetráveis de *P. juliflora, a* recolha de dados GPS era inacessível.

3.6 Fase pós-campo

3.6.1 Análise de Imagens

Durante esta fase, foi efectuada uma classificação supervisionada nas imagens ASTER 2007, utilizando pontos de observação registados durante a visita de campo, após a sub-programação da imagem. As imagens de satélite TM 1986, ETM 2001 e ASTER 2007 foram classificadas utilizando a classificação supervisionada de Máxima Probabilidade, utilizando a assinatura de treino de amostra preparada a partir das GCPs recolhidas para a imagem recente. Para as imagens Landsat TM e ETM+ foram utilizadas a observação visual da imagem Landsat da FCC e a informação espectral das categorias conhecidas de utilização/ocupação do solo observadas a partir da imagem Landsat ETM+ classificada não supervisionada (Fig. 14) e a partir da observação visual da imagem ASTER classificada supervisionada. A partir da classificação não supervisionada Landsat ETM+, foram identificadas seis classes: classe de água/não supervisionada, classe de cobertura, classe de arbusto aberto, classe de cultivo/substituição e classe de *Acacia*.

O software utiliza um algoritmo específico para atribuir todos os pixels do conjunto de dados de imagem a classes definidas de utilização do solo/cobertura do solo. A classificação da probabilidade máxima baseia-se na função de densidade de probabilidade associada à assinatura de um determinado local de formação. Todos os pixéis são atribuídos à categoria mais provável com base numa avaliação da probabilidade subsequente de o pixel pertencer à assinatura (classe) com a maior probabilidade de adesão (Jensen 2004). As mesmas categorias foram obtidas como no caso da classificação não supervisionada da imagem ASTER (ver Quadro 4). O resultado da classificação foi também avaliado utilizando 40 pontos de validação recolhidos no campo em Outubro de 2008.

Como já mencionado no subcapítulo 3.4.1.2 em Selecção da Banda, foram seleccionadas cores falsas compostas das bandas 4, 3 e 5 para melhor identificação das diferentes categorias de utilização do solo/cobertura da área de estudo a partir das imagens Landsat TM e ETM+. Trabalho semelhante foi realizado por Richardson et al. (1981). Realizaram um estudo piloto para avaliar os dados de satélite do scanner multiespectral Landsat para detecção de infestações por girassol de folhas prateadas nas serras do Texas. Eles relataram que esta erva daninha anual poderia ser distinguida em (bandas 4, 3, e 2) imagens Landsat.

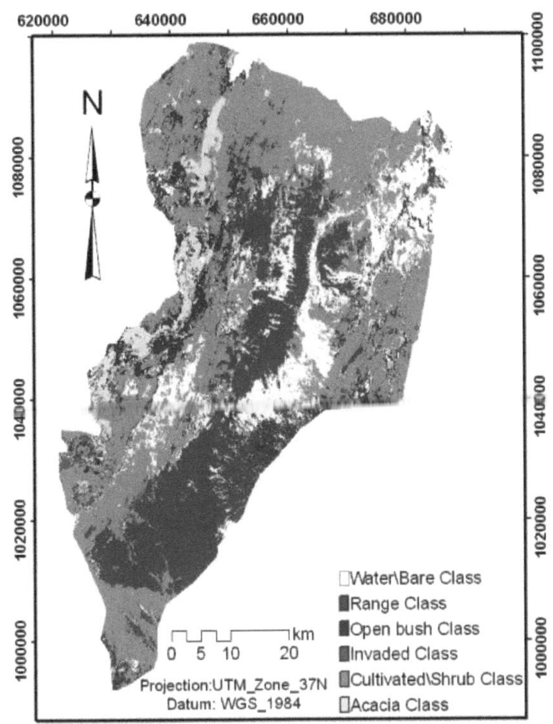

Figura 13: Imagem Landsat ETM+ não supervisionada, 2001 de Amibara Woreda

Assim, a partir do Landsat TM 1986 e ETM+ 2001, foram também identificadas oito categorias de ocupação do solo. Neste caso, porque as imagens Landsat TM de 1986 retratam uma situação que existia 15 anos antes das recentes imagens Landsat ETM+ e 21 anos antes da ASTER L1B. Assim, estas imagens não puderam ser comparadas com a verdade do terreno, mas os dados históricos disponíveis da área foram utilizados para validar a interpretação feita. No entanto, a imagem de satélite ASTER 2007 foi directamente confrontada com as verdades terrestres. Durante a interpretação da imagem *P. juliflora* foi identificada visualmente quando o remendo é encontrado em denso, na imagem ASTER 2007, particularmente quando é encontrado numa ampla cobertura cobrindo pelo menos mais de um hectare de terreno na área de estudo onde há maior invasão. Além disso, como *P. juliflora* é uma árvore ou arbusto sempre verde que se encontra em qualquer estação do ano, que difere da maioria das outras espécies encontradas na área, que secam ou vertem as suas folhas durante a estação seca na área de estudo, a reflectância espectral retrata de forma mais diferente. *P. juliflora* invadiu terrenos com uma assinatura de reflectância de cor vermelha muito brilhante, totalmente diferente de outras utilizações do solo/cobertura do solo na área de estudo. Acima de tudo, a imagem de satélite utilizada para este estudo foi captada durante Janeiro - Março, que é a estação seca na área de estudo.

Assim, foi utilizado o "esquema de detecção de alterações pós-classificação comparativa" para discriminar a invasão espacial e temporal de *P. juliflora* entre 1986 - 2001 e 2001 - 2007, utilizando o software ENVI 4.3. As estatísticas de uso do solo/ mudança de cobertura do solo em geral e de invasão de *P. juliflora* em particular foram calculadas e resumidas para detectar o padrão e a natureza das mudanças.

Os terrenos invadidos na área de estudo foram divididos inicialmente em três categorias: altamente invadidos, médios invadidos e baixos invadidos, com base nos GCPs já recolhidos do campo na imagem ASTER. O interesse era de identificar separadamente a taxa de invasão. No entanto, todas as classes foram fundidas e consideradas como uma na análise final da utilização do solo/ mudança de cobertura do solo. Isto foi feito porque nas imagens Landsat, onde não existiam GCP para verificação, poderia não ser possível classificar o uso do solo/cobertura do solo como ASTER, atribuindo como terras altamente, médias e pouco invadidas. Por conseguinte, o uso do solo/cobertura do solo foram fundidos e denominados terrenos invadidos.

3.6.2 A separabilidade Jeffries-Matusita ROI

A medida de separabilidade Jeffries-Matusita ROI (Quadro 5) foi realizada para avaliar quantitativamente a separabilidade estatística do ROI da formação de oito classes utilizadas para a imagem multiespectral. Os valores da separabilidade da produção variam entre 0-2, com valores inferiores a 1 sugerindo uma separabilidade fraca ou inaceitável e valores superiores a 1,9 indicando que as classes têm uma boa separabilidade (Richards, 1999). A separabilidade medida para o período de 2007 justifica que a classificação não tenha dado origem a um valor fraco. No entanto, poucas classes de ocupação do solo se misturaram, em particular para as terras cultivadas e as terras cultivadas; e as terras cultivadas e as terras de arbusto aberto, com valores inferiores.

Quadro 5: Jeffries- Matusita ROI Separabilidade para as aulas de formação multiespectral (2007)

Lista LU/LC	Terrenos arbustivos	Terreno de alcance	Terra nua	Água	Terra cultivada	Madeira de *Acácia...*	*Aberto terra do
Terra invadida*	1.59	1.85	1.96	1.99	1.88	1.37	1.89
Terrenos		1.4	1.8	2.0	1.62	1.91	1.73
Terreno de			1.9	2.0	1.32	1.96	1.82
Terra nua				2.0	1.98	1.99	1.99
Água					1.99	1.99	2.00
Terra						1.92	1.32
Mata de *Acácia*							1.68

***= não indicado em nenhuma das colunas e linhas porque a separabilidade do ROI não podia   comparar um**

3.6.3 Avaliação da Exactidão da Classificação

O meio comum de expressar a exactidão da classificação é a preparação de matrizes de erros de classificação. Uma matriz de erros (matriz de confusão) é uma matriz quadrada de números organizada em linhas e colunas, que exprime o número de unidades de amostra atribuídas a uma categoria específica relativamente à categoria real, tal como indicado pelos dados de referência. Foi gerada uma matriz de erros com base na classificação de utilização do solo/ocupação do solo de 2007 e nos dados relativos à área de interesse (quadro 6). A exactidão é essencialmente uma medida do número de píxeis da verdade do solo que foram classificados correctamente.

O valor Kappa é uma medida do acordo entre os dados de classificação e os dados de referência com o acordo, devido ao acaso eliminado. Nenhum dos valores Kappa em qualquer uma das imagens era muito elevado. Landis e Koch (1977) classificaram os valores Kappa, variando de _1 a 1, em 3 grupos: 1) os > 0,80 para uma forte concordância entre a classificação e os dados de referência; 2) os entre 0,40 - 0,80 para uma concordância moderada; e 3) < 0,40 representavam uma fraca concordância. A maior precisão dos utilizadores das classes de vegetação foi para as terras invadidas, seguidas das terras cultivadas. Os terrenos arbustivos apresentaram uma precisão relativamente menor para os utilizadores (75,6). A razão foi a assinatura espectral dos terrenos arbustivos ter-se misturado em grande parte com os terrenos cultivados (quadro 5). A classe da água tinha uma precisão de 100% para os utilizadores. Em geral, a precisão global de 86,026% foi atingida com um coeficiente Kappa de 0,8257 (Quadro 6).

Quadro 6: Matriz de Confusão para a imagem ASTER de Março de 2007

LU/LC List	Invaded Land	Shrub Land	Range Land	Bare Land	Water	Cultivate d Land	*Acacia* woodland	Open Bushland
Invaded Land	83.04*	0.00	0.00	0.00	0.00	0.00	9.69	0.00
Shrub Land	4.07	82.68*	0.16	0.00	0.00	0.08	0.98	0.35
Range Land	0.00	10.85	97.4*	0.00	0.00	5.63	0.00	0.00
Bare Land	0.29	1.73	1.06	100.0*	0.00	0.00	0.00	0.00
Water	0.00	0.00	0.00	0.00	100.0*	0.00	0.00	0.00
Cultivated Land	0.35	3.46	1.30	0.00	0.00	93.40*	1.21	1.48
Acacia Woodland	8.82	0.12	0.00	0.00	0.00	0.00	77.39*	0.96
Open Bushland	0.69	0.92	0.00	0.00	0.00	0.80	7.14	97.22*
Commission	9.50	24.39	12.03	18.64	0.00	9.93	11.56	23.27
Omission	16.96	17.32	2.52	0.00	0.00	6.60	22.61	2.78
Producer	83.04	82.68	97.48	100.00	100.00	93.40	77.39	97.22
User	90.50	75.61	87.97	81.36	100.00	90.07	88.44	76.73
Overall Classification Accuracy	86.026% 0.8257							
Kappa Coefficient	0.8257							

*= utilização do solo/cobertura do solo que não foi

4: RESULTADOS E DISCUSSÃO

4.1 Alteração da utilização do solo/da cobertura do solo

O mapa de ordenamento do território/cobertura do solo foi elaborado através da classificação supervisionada da ASTER 2007 e Landsat TM, 1986 e Landsat ETM+, 2001 (Fig. 15, 16 e 17). A área abrangida por cada mapa de ocupação e uso do solo durante os três períodos é apresentada no (Quadro 7).

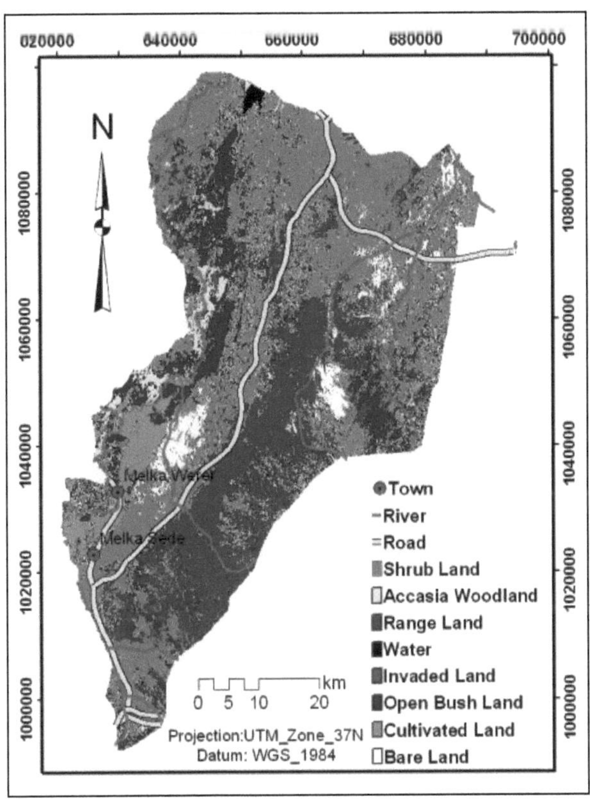

Figura 14: LU\LC Mapa de Amibara, 1986

73

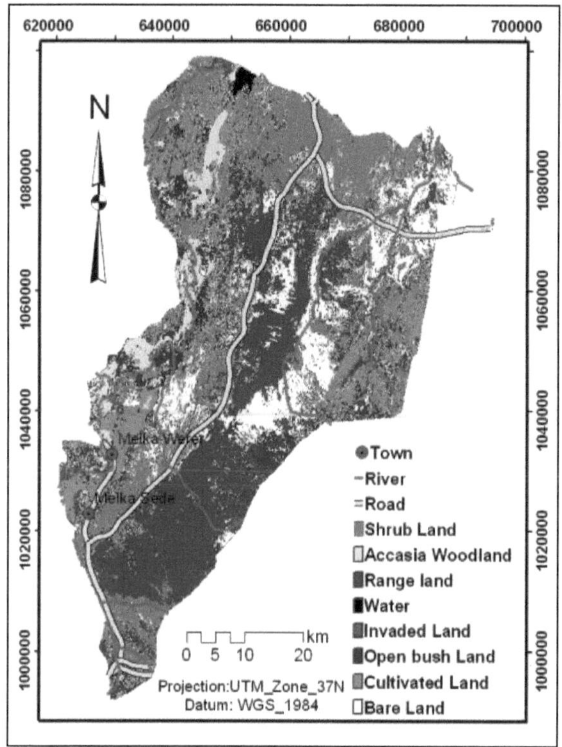

Figura 15: Mapa LU/LC de Amibara, 2001

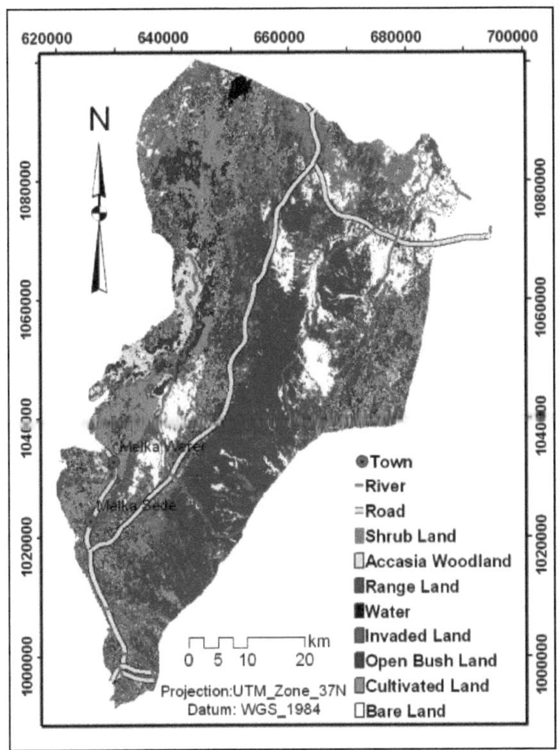

Figura 16: Mapa LU/LC de Amibara, 2007

75

4.1.2 Mudança da utilização do solo/cobertura do solo (1986-2001)

Da mudança total entre 1986 e 2001 invadiram terrenos que foram trocados dos 769ha originais em 1986 para 3849ha em 2001 na área de estudo. Os terrenos arbustivos e os terrenos de mato aberto diminuíram de 50,9% e 13,8% em 1986 para 32,3% e 7,0% em 2001, respectivamente. Em contrapartida, a extensão das terras cultivadas, das terras de cultivo e das florestas de *Acácia* aumentou durante este período de 24,7%, 4,3% e 2,0% em 1986 para 27,0%, 8,9% e 5,2% em 2001, respectivamente. A utilização do solo/cobertura do solo mudou para as terras cultivadas e as florestas de *Acacia*, tendo-se verificado um aumento mais rápido da cobertura aérea junto às terras nuas por área total da área em estudo. A mudança para terra nua revelada pode dever-se à elevada taxa de degradação ocorrida durante este período na área de estudo, embora a exploração da razão pela qual tal aconteceu não fosse o objectivo do estudo. A área invadida por *P. juliflora* foi aumentada alarmantemente de 1986 (0,2%) para 2001 (1,1%), em detrimento de qualquer uma das áreas de utilização/ocupação do solo enumeradas (Quadro 7).

Quadro 7: Distribuição temporal da invasão de *P. juliflora* em Amibara Woreda

Lista LU/LC	1986		2001		2007	
	Área (ha)	% capa	Área (ha)	% capa	Área (ha)	% capa
Terra Invadida**	**768.8**	**0.2**	**3848.6**	**1.1**	**11578.7**	**3.4**
Terreno de alcance	85463	24.7	93611	27.0	121090.8	35.6
Arbusto aberto*	47956	13.8	24421.4	7.0	17845	5.2
Mata de Acácia	6896.1	2.0	17916.9	5.2	9978.2	2.9
Terra Nua	13206.2	3.8	62715.7	18.1	48611.7	14.3
Água	1084.6	0.3	1152.3	0.3	1101.7	0.3
Terra Cultivada	14962.9	4.3	30912.4	8.9	49005.9	14.4
Terreno arbustivo*	176333.2	50.9	112092.4	32.3	80988.1	23.8
Total	346670.8	100.0	346670.7	100.0	340200.1	100.0

Utilização do solo/cobertura do solo que demonstrou

*= uma redução contínua da cobertura de área em 1986-2007

**= um aumento contínuo da cobertura de área em 1986-2007

4.1.2 Alteração da ocupação do solo (2001-2007)

Durante este período, ocorreram enormes alterações na área de estudo em termos de utilização do solo/cobertura do solo. Em 2007, a extensão de terrenos arbustivos foi reduzida em cerca de 31.104ha. Esta redução dos terrenos arbustivos mostra que 9,0% da área total do estudo foi transformada em outro padrão de uso do solo/cobertura do solo. A seguir aos terrenos arbustivos, os arbustos de *Acácia* registaram uma redução de cerca de 7.939 ha, o que correspondeu a quase metade da área total em 2001. Em terceiro lugar, verificou-se uma redução de 6.576,4 ha da superfície de arbustos a céu aberto em relação ao ano 2001. Os terrenos nus também foram reduzidos durante este período. Em contraste com a utilização/ocupação do solo acima referida, as terras cultivadas e as terras invadidas aumentaram 9%, 6% e 2,3%, respectivamente, entre 2001 e 2007.

Os terrenos arbustivos têm diminuído continuamente desde 1986 (50,9%), 2001 (32,3%) e 2007 (23,8%). Seguiram-se os matos abertos que registaram uma redução desde 1986 (13,8%) e 2007 (5,2%). Em contrapartida, a área cultivada e as terras cultivadas aumentaram de 24,7% e 4,3% (1986) para 35,6% e 14,4 (2007), respectivamente. A alteração do uso do solo/cobertura do solo para terras cultivadas mostrou um aumento da cobertura aérea junto às terras sem cultura na área de estudo. A área invadida por *P. juliflora* foi aumentada na medida de 1986 (0,2%) para 2007 (3,4%) nas despesas de qualquer uma das áreas de utilização do solo/cobertura do solo.

4.2 Distribuição espacial de *P. juliflora*

4.2.1 *P. juliflora* Distribuição em 1986

O mapa classificado de 1986 mostra claramente que a invasão de *P. juliflora* começou ao longo do rio Awash, na zona florestal de *Acacia* e em terreno arbustivo aberto (ver figura 15, ver quadro 7), onde não se encontrava tão longe da área detectada pela primeira vez. Isto aconteceu cerca de uma década após a introdução da espécie na área de estudo (Kassahun, 1999). Em 1986, foram invadidos cerca de 769hu da área de ocupação do solo na parte ocidental de Amibara Woreda. Neste ano, a maior cobertura do solo foi ocupada por terrenos arbustivos (50,9%), o que corresponde a metade da cobertura da área de estudo, seguindo-se os terrenos de cobertura (24,7%), os matos abertos (13,8%) e os terrenos cultivados (4,3%), as florestas de *Acacia* (2,0%) ocuparam a última, mas próxima da área aquática da área de estudo. *P. juliflora* foi invadida em cerca de 0,2% da extensão do Woreda.

4.2.2 *P. juliflora* Distribuição em 2001

O mapa de ocupação do solo/utilização do solo de 2001 (ver figura 16, ver quadro 7) revelou a extensão da área invadida por esta espécie exótica em duas décadas. A área ao longo do rio Awash na floresta de *Acacia* e do mato aberto na parte ocidental e na parte norte perto da área aquática ao longo do rio Awash da área de estudo foi invadida. Foram também invadidas as terras cultivadas perto da exploração agrícola estatal Melka Werer e Melka Sedi, incluindo as terras arbustivas e as terras da cordilheira. Em 2001, os terrenos de maior utilização/ocupação foram ocupados por terrenos arbustivos (32,3%), seguidos pelos terrenos de distribuição (27%), terrenos nus (18,1%), terrenos cultivados (8,3%) e terrenos arbustivos (7%), por ordem decrescente. Os terrenos invadidos representavam mais de 1,1% do total da utilização/ocupação da área de estudo. Até este ano, *P. juliflora* invadiu as terras em cinco vezes mais do que o recorde de 1986.

4.2.2 *P. juliflora* Distribuição em 2007

Em 2007 (ver Figura 17, ver Quadro 7), a utilização do solo/cobertura do solo mostrou uma mudança tremenda do que antes devido à invasão por esta espécie invasora. *P. juliflora* foi invadida numa vasta área em redor das terras cultivadas na parte média da área de estudo perto de Melka Werer e Melka Sedi. Os terrenos arbustivos, os terrenos nus e a floresta de *Acacia* ao longo do rio Awash e o mato aberto, principalmente na parte média da área de estudo, foram invadidos por *P. juliflora*. A parte norte, ao longo do rio Awash e perto das zonas aquáticas, foi também transformada em terra invadida. Neste ano, a invasão alastrou-se também na parte noroeste do mato a céu aberto e desceu para a parte ocidental ao longo do rio, nos terrenos arbustivos da área de estudo. A invasão estendeu-se até Melka Were e à planície de Allidegie, ao longo do alto de Addis Ababa-Djibouti, o que não foi observado em anos anteriores. A extensão dos terrenos invadidos aumentou nas últimas duas décadas para 3,4%, onde os terrenos arbustivos seguidos por matos abertos mostraram uma redução na área de ocupação do solo/uso do solo em comparação com 1986. Além disso, os terrenos nus, que cobriam uma vasta área na parte oriental da área de estudo em 2001, aumentaram ao cobrir a parte oriental e noroeste da área de Melka Werer e ao mudar a maior parte dos terrenos arbustivos para terrenos invadidos e nus até 2007.

4.3 Distribuição Temporal de *P. juliflora*

P. juliflora tem vindo a espalhar-se continuamente em maior escala na área de estudo durante estas duas décadas desde 1986 (Fig. 18). A extensão percentual da área invadida em 1986 foi de 0,2%, em 2001 foi de 1,1% e em 2007 foi de 3,4% da área de uso do solo/cobertura do solo.

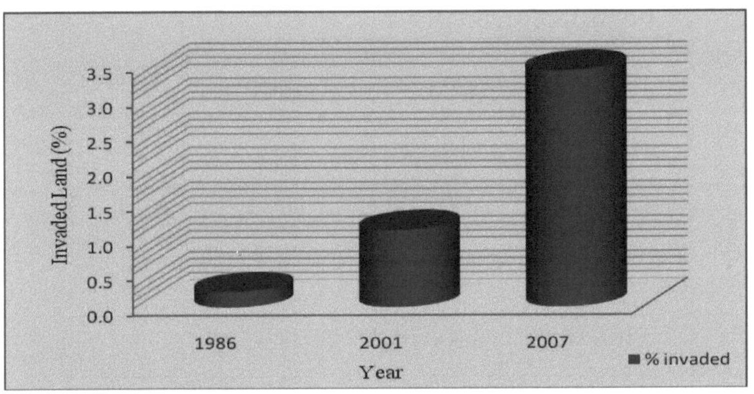

Figura 17: Distribuição temporal de *P. juliflora* em Amibara woreda (Calculada a partir do Quadro 7)

Em 1986, o terreno invadido ocupou cerca de 769ha e em 2001 foi aumentado para 3.849ha da área de estudo (Quadro 8). Esta ocupação do solo/ocupação do solo apresenta uma dispersão de 205ha por ano, ou seja, 0,06% por ano da área de estudo. Durante este período, os terrenos arbustivos e os matos abertos foram reduzidos em 4.282ha e 1.569ha, respectivamente, por ano.

Quadro 8: Taxa de variação da CN\ LC de 1986 a 2001(ha/ano ou %/ano)

Lista LU/LC	1986 ha	2001 ha	Alterar ha/ ano	%/ ano
Terra Invadida	768.8	3848.6	205.3	0.06
Terreno de	85463	93611	543.2	0.16
Terreno arbustivo	47956	24421.4	-1569.0	-0.45
Terrenos arborizados	6896.1	17916.9	734.7	
Terra Nua	13206.2	62715.7	3300.6	0.95
Água	1084.6	1152.3		
Terra Cultivada	14962.9	30912.4	1063.3	0.31
Terreno ....*	176333.2	112092.4	-4282.7	-1.24
Total	346670.8	346670.7		
*= utilização do solo/cobertura do solo que foi objecto de uma taxa reduzida em extensão				

Durante o período de 1986 a 2001, *P. juliflora* invadiu 3848,6ha e durante 2001 a 2007; as terras invadidas atingiram 11578,7ha da área de estudo. A invasão de *P. juliflora* mostrou um aumento de 1288,4ha por ano na taxa de expansão da área de estudo, que é de 0,37% da área de estudo anualmente. Entre 2001 e 2007, a taxa de expansão em hectares por ano foi superior à registada entre 1986 e 2001. No período anterior, apenas os terrenos arbustivos e arbustivos abertos foram reduzidos na cobertura de área. No entanto, em 2001-2007, duas áreas adicionais de ocupação do solo/utilização do solo, como os terrenos nus e a floresta de *Acacia*, registaram uma redução (Quadro 9). Assim, a taxa de mudança para terras invadidas mostrou um padrão crescente de 0,06% de área por ano entre 1986 e 2001 (ver Quadro 8), enquanto em 0,37% da área de estudo por ano entre 2001 e 2007 (Quadro 9).

Quadro 9: Taxa de variação da CN\ LC (ha/ano e %/ano) desde 2001 a 2007

Lista LU/LC	2001 ha	2007 ha	Alterar ha/ ano	%/ ano
Terra Invadida	3848.6	11578.7	1288.4	0.37
Terreno de alcance	93611	121091	4580.0	1.32
Terreno arbustivo	24421.4	17845	-1096.1	-0.32
Terrenos arborizados de Acácia	17916.9	9978.2	-1323.1	-0.38
Terra Nua	62715.7	48611.7	-2350.7	-0.68
Água	1152.3	1101.7		
Terra Cultivada	30912.4	49005.9	3015.6	0.87
Terreno arbustivo	112092	80988.1	-5184.1	-1.50
Total	346671	340200		
*= utilização do solo/cobertura do solo que foi objecto de uma taxa reduzida em extensão				

4.3 LU/LC Dynamics e *P. juliflora*

4.3.1 Dinâmica de *P. juliflora* durante 1986-2001

Assim, a invasão de *P. juliflora* tem mostrado um padrão crescente de ano para ano desde 1986 na área de estudo. Do total da utilização/ocupação do solo mudou entre 1986 e 2001, a extensão dos 769ha invadidos em 1986 foi aumentada para 3849ha em 2001 (Quadro 10).

Quadro 10: Dinâmica LU/ LC entre 1986 e 2001 em Amibara Woreda (ha)

| LU\LC List | Initial State (1986) | | | | | | | | |
	Invaded Land	Range Land	Open Bushland	*Acacia* wood land	Bare Land	Water	Cultivated Land	Shrub Land	Row Total
Invaded Land	219.5*	1.1	728.7	434.3	138.1	0.2	1444.8	882.0	3848.6
Range Land	0.8	58122.7	5247.3	0.3	605.5	0.0	209.2	29425.1	93611.0
Open bush Land	84.9	2052.6	12136.8	576.3	263.7	3.2	1728.7	7575.2	24421.4
Acacia woodland	264.6	12.4	9034.9	5425.9*	43.0	0.4	1990.1	1145.4	17916.9
Bare Land	0.2	16522.1	1544.7	1.4	10996.6*	0.0	706.9	32943.9	62715.7
Water	6.7	0.0	6.3	48.3	1.0	1080.6	3.0	6.4	1152.3
Cultivated Land	190.3	121.5	12611.2	404.6	97.2	0.2	7502.8*	9984.7	30912.4
Shrub Land	1.8	8630.6	6646.1	5.0	1061.1	0.0	1377.4	94370.5*	112092.4
Class Total	768.8	85463	47956	6896.1	13206.2	1084.6	14962.9	176333.2	0.0

(A coluna de rótulos à esquerda indica *Final State (2001)*.)

*= utilização do solo/cobertura do solo que não foi transformada

De todas as mudanças ocorridas em 2001 para terras invadidas; as terras cultivadas apresentaram a maior mudança, que foi de 1444,8ha, seguidas pelas terras arbustivas (882ha), arbustos abertos (729ha), floresta de *Acacia* (434ha) e terras nuas (138ha) e menos por terras de sequeiro e água. A taxa de dinâmica de dispersão apresentada entre 1986 e 2001 (Quadro 11), mostra que a taxa de invasão mais elevada foi de 96,3ha por ano, de terreno cultivado para terreno invadido, sendo os terrenos arbustivos os segundos mais elevados (58,8ha por ano), seguidos por matos abertos, matos de *Acácia*, terrenos nus e menos por terrenos da área de distribuição.

O resultado mostra que a maioria das áreas das terras cultivadas foi invadida por *P. juliflora* junto à floresta de *Acacia*, especialmente as áreas localizadas em torno da parte ocidental e média da Woreda, onde existem aldeias e vilas próximas associadas à exploração agrícola estatal que foi identificada como rota para o rebanho e mercado de gado (Senayit et al., 2004). Durante a estação seca (Março a Agosto), camelos, cabras e outros animais de diferentes zonas de Afar NRS têm migrado em busca de água e forragens, bem como para mercados e povoações nómadas através da parte média desta Woreda, seguindo o rio Awash.

Quadro 11: Taxa de Invasão de diferentes LU/LC entre 1986 e 2001 (ha)

Lista LU/LC	Área Total Invadida	Taxa de Invasão por
Terreno de alcance	1.1	0.1
Terreno arbustivo	728.7	48.6
Mata de *Acácia*	434.3	29.0
Terra Nua	138.1	9.2
Água	0.2	0.0
Terra Cultivada*	1444.8	96.3
Terreno arbustivo*	882.0	58.8

*= utilização do solo/cobertura do solo que apresentou a maior taxa de invasão em extensão

Estes animais alimentam-se de vagens de P. juliflora durante a estação seca, juntamente com outras espécies forrageiras encontradas. Hailu et al. (2004) declararam que, após a excreção de consumo por bovinos, camelos, caprinos e burros, o número de sementes recuperadas de 1 kg de excrementos variava entre 760 - 2833, o que poderia ser fonte de infestação e uma forma de dispersão para outras utilizações do solo/cobertura do solo. Quando estes animais se mudaram para campos de algodão para utilizar resíduos de algodão entre Novembro e o final de Janeiro na área de estudo, especialmente na área agrícola estatal em torno de Melka Werer e Melka Sedi, na parte ocidental e média da área de estudo após a bacia do rio Awash. O facto acima referido poderá ter sido uma força motriz na propagação dinâmica de P. juliflora nas terras cultivadas, para além de outras utilizações/ocupações do solo na área de estudo.

Acima de tudo, estudos anteriores revelaram que *P. juliflora* está equipada com uma série de características biológicas que favorecem a sua rápida invasão de novas áreas. Hailu et al. (2004) afirmaram que a produção de muitas sementes, pequenas e duras, capazes de sobreviver através do sistema digestivo dos animais, entrando no solo para formar bancos de sementes do solo e permanecendo viáveis até que estejam disponíveis condições favoráveis à germinação; atraindo e recompensando vagens para os animais, contendo mesocarpo carnoso e doce, que se destina à dispersão a longa distância; acumulação de reservas de sementes viáveis adormecidas mas de longa duração que serviriam como fonte de regeneração; produção de uma mistura de sementes, com poucas capazes de germinar imediatamente após a dispersão enquanto outras permanecem adormecidas; tornando-a um concorrente muito forte invasor combinado com a sua reprodução sexual. A combinação de todas estas características faz do *Prosopis* um poderoso invasor nocivo.

Assim, a invasão de *P. juliflora* nas terras cultivadas e nos terrenos arbustivos circundantes, arbustos abertos na área de estudo, poderá ser acelerada por estes factores. O alagamento foi também para a planície de inundação da floresta de *Acacia* ao longo do rio Awash e dos terrenos da cordilheira, que são de grande importância económica para a subsistência da população local. Assim, os animais e o seu movimento associado às características fisiológicas da espécie podem ter sido o agente primário da dinâmica de invasão de *P. juliflora* na área de estudo.

4.3.1 Dinâmica de *P. juliflora* durante 2001-2007

Os resultados da utilização do solo/cobertura do solo entre 2001 e 2007 (quadro 12) revelaram que o terreno invadido, que era de 3.849ha em 2001, foi aumentado para 11.579ha até 2007. Durante este período, quase todas as terras foram invadidas por *P. juliflora*. Entre os terrenos de utilização/ocupação do solo alterados para terrenos invadidos desde 2001, os terrenos arbustivos são os mais elevados (2.742ha).

Ao lado dos terrenos arbustivos, os bosques de *Acacia* (1.888ha), os matos abertos (1.732ha), os terrenos cultivados (1.650ha) e os terrenos nus foram mudados para terrenos invadidos e mostraram uma maior propagação da invasão na área coberta.

Quadro 12: Dinâmica LU/ LC entre 2001 e 2007 em Amibara Woreda (ha)

LU/LC List		Initial State (2001)								
		Invaded Land	Range Land	Open Bushla	*Acacia* woodla	Bare Land	Water	Cultivate d Land	Shrub Land	Total Row
Final State (2007)	Invaded Land	1401.3*	579.1	1731.6	1888.2	1551.7	35.5	1649.5	2741.7	11578.7
	Range Land	150.9	59739.4*	4262.0	604.1	18869.2	71.4	4038.9	33354.9	121090.8
	Open bushland	200.5	463.5	5149.7	2996.4	434.4	45.5	5051.0	3504.1	17845.0
	Acacia	679.3	81.5	1859.0	5488.8*	155.2	69.8	1131.6	513.0	9978.2
	Bare Land	60.3	5967.5	1216.9	38.2	28923.1	14.6	212.2	12178.9	48611.7
	Water	29.2	0.0	117.2	158.9	0.0	711.8*	79.0	5.6	1101.7
	Cultivated Land	972.1	6142.0	5700.5	5305.7	2137.9	60.6	13911.2*	14775.8	49005.9
	Shrub Land	239.9	19666.5	4180.1	782.8	9809.7	165.5	4086.8	42056.8*	80988.1
Class Total		3733.5	92639.5	24217	17263.1	61881.2	1174.7	30160.2	109130.8	0.0

*= utilização do solo/cobertura do solo que foi transformada

Foram observadas alterações comparativamente inferiores, desde os terrenos da área de distribuição até aos terrenos invadidos com 579ha de utilização/ocupação do solo, o que representa uma alteração de 100% em relação ao período anterior (1986-2001). Além disso, entre 2001 e 2007, registou-se uma nova invasão da área de água por *P. juliflora,* que foi quase insignificante no período anterior. Entre 2001 e 2007, registou-se uma alteração global de toda a utilização/ocupação do solo para terras invadidas, com pelo menos o dobro do que em 1986-2001, com excepção das terras cultivadas que sofreram uma redução de 0,5%.

A maior dinâmica de invasão foi registada de terreno arbustivo para terreno invadido. Os terrenos arbustivos foram os mais afectados pela utilização/ocupação do solo na área de estudo durante os períodos 2001-2007. A taxa de mudança de terreno arbustivo para terreno invadido foi de 183ha por ano (Quadro 13) e duas vezes superior à do período anterior, passando de terreno arbustivo para terreno invadido. Os terrenos florestais de *Acacia* transformados em terrenos invadidos foram os segundos mais elevados (126ha por ano), seguidos por matos abertos, terrenos cultivados, terrenos nus, terrenos de cultivo e menos de superfície aquática para terrenos invadidos por ano. Os terrenos arbustivos invadidos durante 2001-2007 foram encontrados perto dos terrenos cultivados, que foram muito invadidos durante o período 1986-2001.

Quadro 13: Taxa de Invasão de diferentes LU/LC entre 2001 e 2007 (ha)

Lista LU\LC	Área Total Invadida	Taxa de Invasão por ano
Terreno de alcance	579.1	38.6
Terreno arbustivo aberto	1731.6	115.4
Acacia woodland*	1888.2	125.9
Terra Nua	1551.7	103.4
Água	35.5	2.4
Terra Cultivada	1649.5	110.0
Terreno arbustivo*	2741.7	182.8

*= utilização do solo/cobertura do solo que se revelou mais elevada taxa de invasão em extensão

A dinâmica de uso do solo/cobertura do solo revelou que os terrenos arbustivos foram os mais afectados pela invasão de *P. juliflora* durante o período de estudo. Isto pode dever-se ao movimento de animais de um uso do solo para outro depois de se alimentarem das vagens de *P. juliflora*. Os arbustos têm sido a área mais provável para a procura de camelos nesta Woreda, juntamente com a árvore nativa encontrada no mato aberto e na floresta de *Acacia*. Os camelos e caprinos navegam nos arbustos e na vegetação arbustiva, principalmente à beira da estrada e em redor da área de povoamento, onde navegam em arbustos dispersos e de grandes dimensões e pastam os arbustos palatáveis durante a estação das chuvas na área de estudo (comunicação pessoal com os líderes dos clãs e os anciãos). Assim, a invasão através da disseminação de sementes através da face pecuária (caprinos, bovinos, camelos, ovinos, etc.) e do hábito alimentar, da área de escavação e da sua rota de movimentação são meios importantes na dinâmica de utilização do solo/cobertura terrestre devido a *P. juliflora*.

Além disso, a dinâmica da invasão tornou-se cada vez mais elevada durante 1986-2007 em toda a utilização do solo/cobertura do solo porque Amibara Woreda poderia representar um ecossistema semi-árido degradado no país contendo cerca de 18% ou 62.716ha da terra nua e da floresta seca degradada (Pasiecznik, 1999). As razões para o aumento da taxa de invasão em toda a utilização/ocupação do solo na área de estudo poderão ser ainda mais explicadas, uma vez que *P. juliflora* é resistente à seca, tem uma capacidade de crescimento rápido e de fixação de azoto que é capaz de crescer em condições difíceis, onde outras espécies podem não crescer. A espécie responde e sobrevive a condições de stress como a seca através de alterações nos processos morfológicos, fisiológicos, bioquímicos e metabólicos (Pasiecznik et al., 2001).

As terras cultivadas têm uma área invadida adicional de 200ha em comparação com 2001, mas foi demonstrado um aumento total da área coberta, que pode dever-se à desflorestação de cerca de 14.775ha dos arbustos e outras áreas de utilização/uso do solo, depois de terem sido invadidas por *P. juliflora*. A desflorestação parece ter contribuído para o alargamento da exploração agrícola estatal do algodão na zona. Durante este período, verificou-se uma alteração global de toda a utilização do solo/cobertura do solo para terras invadidas, pelo menos duas vezes superior à verificada em 1986-2001, com excepção das terras cultivadas que foram reduzidas em 0,5 % de invasão.

A invasão da espécie Woreda pode ser ainda mais induzida devido a más práticas de gestão, à perturbação do mato a céu aberto e às terras cultivadas que por vezes ficam em pousio (Pasiecznik, 1999). Nesta área de estudo foram realizadas diferentes práticas de utilização do solo, tais como culturas mecanizadas e locais de algodão, instalações de irrigação da exploração através de canais, criação de gado pelo povoamento nómada. No entanto, a invasão espacial de *P. juliflora* fez com que muitos terrenos de utilização/uso do solo estivessem em risco, tais como arbustos, matos abertos, bosques de *Acacia*, terras cultivadas e terras de cultivo na área de estudo. Na maior parte das áreas de utilização/uso do solo que foram invadidas por *P. juliflora,* observou-se que não eram cultivadas espécies por baixo.

A espécie tem vindo a matar as espécies nativas dos arredores como as gramíneas e as espécies de *Acacia* (Fig.19). As folhas de *prosopis* contêm alloquímicos, incluindo tanino, que não é palatável aos animais e tem efeito alelofático nas culturas, ervas daninhas e outras árvores (Pasiecznik *et al.*, 2001).

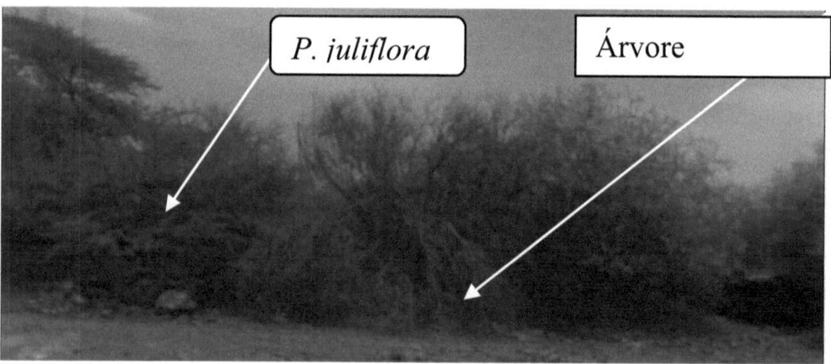

Figura 18: Árvores autóctones a morrer por *P. juliflora*, perto de Melka Sedi ANRS (Foto do Autor)

A presença de espinhos venenosos fortes e o hábito de crescimento arbustivo de *P. juliflora* podem tê-la tornado menos atraente e inconveniente para a sociedade na década inicial (1986-2001), a fim de tomar medidas de intervenção para reduzir o impacto da desflorestação. Se fossem adoptadas melhores práticas de gestão, a taxa de invasão poderia ter sido controlada e os seus efeitos adversos, como a invasão das áreas economicamente mais importantes, como as terras cultivadas, os arbustos, os matos abertos, os bosques de *Acacia* e as terras de cultivo da área em estudo, poderiam ter sido controlados.

A maioria das coberturas de terra/terras em Amibara Woreda tem factores variáveis ambientais como a salinidade/problema do solo sódico que podem ter impulsionado a propagação espacial e distribuição dinâmica desta espécie invasora na área de estudo (Burley et al., 1986). Além disso, *P. juliflora* tem uma ampla amplitude ecológica adaptada a uma gama muito ampla de solos e tipos de locais, desde dunas de areia a argilas fissuradas. Note-se que não existe praticamente nenhum solo, se não for habitualmente húmido, em que *P. juliflora* não possa crescer; nenhum monte demasiado rochoso ou quebrado, nenhum plano demasiado arenoso ou salino, nenhuma duna demasiado deslocada para o excluir totalmente (Pasiecznik et al., 2001).

Além disso, durante os períodos 2001-2007, foram registadas novas invasões em zonas aquáticas na parte norte da área de estudo. A espécie foi encontrada a invadir a floresta de *Acacia* ao longo do rio Awash e perto das terras cultivadas na área de estudo. Isto indica que a espécie pode estar espalhada devido à presença de humidade ou cursos de água. O sistema radicular profundo de *P. juliflora* permite competir pela humidade (Mwangi e Andorinha, 2005). A maioria dos canais de irrigação encontrados nas terras cultivadas da cultura do algodão poderia também ser outro meio de disseminação de sementes, o que poderia ajudar na disseminação desta espécie nas últimas duas décadas na área de estudo. Assim, a disseminação de *P. juliflora* aumentou tanto em extensão como em densidade por unidade de superfície durante 2001-2007. Como resultado, áreas maiores de solo aluvionar e de terras de várzea potencialmente irrigáveis estão em risco devido à invasão de *P. juliflora* (Hailu et al., 2004, Kassahun et al., 2004) em Amibara Woreda.

O padrão de precipitação também tem mostrado uma tendência crescente durante este período, apesar de ter havido poucos registos mais baixos durante 1984-2005 na área de estudo (Fig.20). A quantidade e distribuição da precipitação ao longo do ano é um dos principais factores que influenciam o crescimento e a dinâmica de *P. juliflora*. Esta alteração na quantidade de queda de chuva pode ter favorecido a distribuição espacial desta espécie exótica na área de estudo (Elfadl e Luukkanen, 2006). As ervas daninhas e outras pragas muitas vezes fazem melhor se houver perturbações causadas por incêndios, inundações, exploração madeireira, pastoreio ou alterações hidrológicas (Dukes e Mooney, 1999; Trounce e Dellow, 2007).

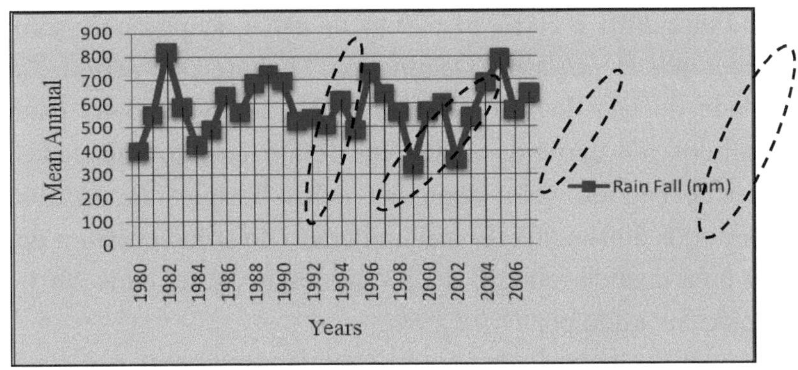

Figura 19: Registo anual médio de queda de chuva

Espera-se que as alterações climáticas agravem os problemas das espécies invasoras do mundo. As alterações climáticas têm o potencial de funcionar como um evento de perturbação ao salientar a perturbação das populações e criar oportunidades para que as espécies invasoras tomem o lugar dos nativos (Dukes and Mooney, 1999; Sutherst et al. , 2007). Na área de estudo, as cheias do rio Awash têm sido uma ocorrência comum, que transporta sementes de *P. juliflora* de uma utilização do solo/cobertura do solo para outra, a fim de disseminar esta espécie. Esta propagação espacial e temporal de *P. juliflora* pode também ser provocada pela perturbação das comunidades faunísticas para a preparação de carvão vegetal, a renovação do gado e a exploração de camelos no mato a céu aberto, nas florestas de *Acacia* e nos terrenos agrícolas na área de povoamento (Cox, 2004) da área de estudo.

Por último, o estudo mostrou que, em Amibara Woreda, nas últimas duas décadas, cerca de 11.579ha de terra foram totalmente alterados para terras invadidas. Durante 1986-2001, o total de 3.629,2ha de ocupação do solo foi totalmente mudado para terrenos invadidos

95

(Quadro 14). Entre 2001 e 2007, 11.579 ha de uso e ocupação do solo foram invadidos por *P. juliflora* (Quadro 15). Durante este período, a quase totalidade do uso do solo/cobertura do solo foi mudada para terrenos invadidos. Os terrenos arbustivos foram os mais afectados pelo uso e ocupação do solo, seguidos pelos bosques de *Acacia durante os* períodos 2001-2007. O uso inalterado do solo/cobertura do solo mostrou uma taxa de redução de 2,3% durante os períodos 2001-2007, tendo sido invadido por *P. juliflora*.

A taxa de mudança de cada uso/ocupação do solo para terras invadidas mostrou até que ponto essas terras serão ocupadas ou invadidas pelas espécies exóticas invasoras na área de estudo. Se isto se aplicar continuamente, sendo constantes todos os outros factores que favorecem o alastramento da invasão, as utilizações/ocupações do solo nesta Woreda, que não foram alteradas, poderão estar sob grande risco de invasão por *P. juliflora,* pondo assim em perigo a subsistência das comunidades locais na área de estudo.

Quadro 14: Total LU/LC em Amibara Mudou para terras invadidas (ha), 1986-2001

Estado	Área (ha)	Área (%)
Alterado para Invadido	3,629.2	1.1
Inalterado	342,822	98.8

Quadro 15: Total LU/LC em Amibara Alterado para terras invadidas (ha), 2001-2007

Estado	Área (ha)	Área (%)
Alterado para Invadido	11,578.7	3.4
Inalterado	328,621	96.6

4.4 Previsão do risco de invasão de *P. juliflora*

Se a invasão de *P. juliflora* prosseguir com a tendência verificada entre 2001 e 2007 (ver Quadro 13), a utilização do solo/cobertura do solo da área de estudo poderá ser invadida por esta espécie exótica:

$$LCn = LCo\,(1+nr)$$

Onde, LCn = Valor da utilização do solo/cobertura do solo no nono ano

n = número de anos

r = taxa de aumento

LCo = valor da utilização do solo/cobertura do solo no n.º ano anterior

Assim, cerca de 54, 419,89 ha de área de estudo poderiam ser invadidos por *P. juliflora* após dez anos, em 2017. Este valor é quase quatro vezes superior ao da invasão em 2007. Assim, no futuro estudo de investigação sobre a previsão do risco de invasão de *P. juliflora* deverá incluir um melhor modelo de previsão na área, conforme indicado por Krueger et al. (1998).

5:   CONCLUSÕES E RECOMENDAÇÕES

5.1 Conclusões

As espécies exóticas invasoras podem ter um impacto significativo no desenvolvimento, afectando a sustentabilidade dos meios de subsistência, a segurança alimentar e os serviços e processos essenciais dos ecossistemas. As espécies exóticas invasoras, *P. juliflora,* tornaram-se uma grande ameaça para a biodiversidade e um desafio para a subsistência das comunidades locais na área de estudo. Elas superam a concorrência nativa por espaço, luz; nutrientes e pela colonização de qualquer lacuna aberta no uso do solo/cobertura do solo e formam uma comunidade monotípica. A espécie invadiu terrenos arbustivos, matos abertos, bosques de *Acácia,* terrenos cultivados, terrenos nus, terrenos de cultivo e pontos de água, respectivamente, e tornou-se uma ameaça para a biodiversidade da área.

O padrão de uso do solo/cobertura do solo em Amibara Woreda estava a ter uma diferença tremenda durante o período de estudo. Isto pode ser facilmente reconhecido a partir dos mapas produzidos a partir da classificação das imagens de satélite da área de estudo de tempos a tempos. O mapa de ocupação do solo/uso do solo de 1986 representa a situação de apenas 6-7 anos após a introdução desta espécie. O padrão de ocupação do solo/uso do solo mudou significativamente após duas décadas, desde então. A invasão foi aumentada em muitas dobras, desde 1986 na Woreda. A percentagem de cada utilização do solo/cobertura do solo revelou que a taxa de invasão era mais elevada na utilização do solo/cobertura do solo, onde existem terras cultivadas (plantações e povoações de algodão), onde as concentrações das povoações são mais elevadas. A maior taxa de invasão foi registada na zona da planície de inundação oriental mais baixa, ao longo da bacia do rio Awash, nos terrenos arbustivos, nos matos abertos, nos bosques de *Acacia* e ao longo da faixa de rodagem.

Devido aos factos acima referidos, *P. juliflora* tornou-se a pior ameaça em Amibara Woreda. A maior parte das áreas cultivadas foram alteradas para terras invadidas. Desde então, o sistema radicular profundo de *P. juliflora*, que compete pela humidade, criou danos na cultura do algodão na área de estudo. A exploração algodoeira tem uma grande importância económica para esta Woreda, bem como para a região, sendo uma fonte de rendimento para a subsistência das comunidades locais e uma moeda forte para o país. Além disso, muitas árvores indígenas e pastagens como *Acacia tortilis*, *Acacia Senegal*, *Acacia nilotica*, *Dobera gelabera* e *Cenchrus ciliaris* foram afectadas em resultado da invasão de *P. juliflora*. A consequência poderá resultar na perda da biodiversidade e na alteração da estrutura do ecossistema na área de estudo.

Se tal situação continuar sem uma gestão adequada, não demorará mais tempo a ver estas áreas atingirem o clímax da invasão, onde poderia ser impossível pensar nas opções de gestão. Os resultados não serão apenas para esta Woreda específica, mas em breve poderão também alastrar aos Woredas e regiões vizinhas.

Assim, este estudo tornou evidente a viabilidade de utilizar a aplicação integrada de SIG e Teledetecção para analisar a invasão espacial e temporal de *P. juliflora* a partir da imagem de satélite em Amibara

Woreda do NRS Afar. O SIG tem também proporcionado técnicas poderosas através da preparação de uma geodatabase para esta espécie invasora visualizando a dinâmica e distribuição da invasão da espécie na área de estudo.

5.2 Recomendação

O estudo mostrou que, da área de estudo invadida por *P. juliflora, os* terrenos arbustivos têm sido os mais afectados. Isto pode dever-se à presença de gado, especialmente gado e camelos, depois de alimentados com vagens desta espécie. Embora o objectivo deste estudo não fosse explorar as forças motrizes da invasão na área de estudo, a investigação futura deverá centrar-se na razão pela qual essa utilização/ocupação do solo tem sido susceptível à invasão de *P. juliflora.*

As distribuições espaciais e temporais também justificam uma tendência crescente de invasão, tanto no mato aberto como na floresta de *Acacia,* entre os períodos de estudo. Esta ocupação do solo tem sido seriamente afectada pela invasão de *P. juliflora* junto a terrenos arbustivos. Por conseguinte, a fim de reduzir novas invasões, o plano prioritário de controlo e gestão deve começar por analisar as forças motrizes que levaram a que estes solos fossem susceptíveis de invasão.

As terras cultivadas foram as próximas terras muito invadidas pela invasão de *P. juliflora, embora* não se tenha registado uma redução na sua extensão total. As terras cultivadas (explorações estatais + povoações) constituem o principal meio económico de subsistência das populações da região. Devido a este facto, substituem as terras cultivadas invadidas pela desflorestação das terras arbustivas e arbustivas abertas próximas. Isto pode resultar na perda da biodiversidade e alterar a estrutura do ecossistema da área. Assim, a Agência de Protecção do Ambiente e a Investigação e Conservação da Biodiversidade devem ser objecto de grande atenção para a área.

Assim, a aplicação integrada de SIG e Teledetecção tem mostrado a distribuição espacial, temporal e dinâmica de *P. juliflora* em Amibara Woreda. Além disso, o trabalho de investigação com aplicação integrada de SIG e Teledetecção deve centrar-se na determinação da zona de risco utilizando a modelação espacial desta espécie invasiva espalhada ao nível de Kebele, Woreda, bem como na região. De modo a construir um modelo SIG para a região para determinar a futura propagação de *P. juliflora.*

REFERÊNCIAS

Abdurahamn Ame (2002). The Paradox of Share Cropping in the Middle Awash of Ethiopia Paper submitted to the 12th International annual conference on Ethiopian Economy.

Abule, E., Snyman, H.A. e. Smith, G.N. (2005). Comparações das percepções dos pastores sobre a utilização dos recursos da serra no Middle Awash Valley du Etiópia. Journal of Environmental Management, 75/21-35.

Amibera Woreda Disaster Management Committee (2007). Plano de Contingência e Sistema de Coordenação para o Amibera Woreda. Andido, ANRS.

Aronoff. S. (1989). Sistemas de Informação Geográfica: Uma perspectiva de gestão. Publicações da Biblioteca Digital Mundial, Otava.

Burkart, A. (1976). Uma monografia do género *Prosopis* (Leguminosae subfam. Mimosoideae). Journal of the Arnold Arboretum, 57/219-525.

Burley, J., C. E. Hughes e B. T. Styles (1986). Genetic systems of tree species for arid and semiarid lands. Ecologia e gestão florestal 16/317-344.

Byers, J.E., Reichard, S., Randall, J.M., Parker, I.M., Smith, C.S., Lonsdale, W.M., Atkinson, I.A.E., Seastedt, T.R., Williamson, M., Chornesky, E., e Hayes, D. (2002). Directriz da investigação para reduzir os impactos das espécies não indigenas. *Conservation Biology*, 16/630-640.

Campbell, J. B. (1987). Introdução à teledetecção. Guilford Press, Nova Iorque/NY.

Chong, G., R. Reich, M. Kalkhan, e T. Stohlgren. 2001. New approaches for sampling and modeling native and exotic plant species richhness. Western North American Naturalist 61/328-335.

Cox, G.W. (2004) Alien Species and Evolution: The Evolutionary Ecology of Exotic Plants, Animals, Microbes, and Interacting Native Species. Island Press, Washington.

CSA (2005). Agência Central de Estatística. Pastoral Areas Livestock Enumeration results for Afar region: Reprt on Livestock and Livestock Characteristics, Vol.11, Addis Abeba.

Draper, D., A. Rossello-Graell, C. Garcia, C. Tauleigne Gomes, e Sergio, C. (2003). Aplicação do SIG em programas de conservação de plantas em Portugal. Conservação Biológica 113/ 337-349.

Dubale Admasu. (2007). Impactos da Invasão de *Prosopis* e Experiência no Controlo em Afar. Procedimentos na Consulta de Peritos em *Prosopis*. Aumento da Segurança Alimentar através do Controlo e Gestão da Prosopis. África Prosopis (6). Awash, Etiópia.

Dukes, J.S. e Mooney, H.A. (1999). As alterações globais aumentam o sucesso dos invasores biológicos? Tendências em Ecologia e Evolução. 14/135-39.

Elfadl M. A, e O. Luukkanen (2006). Field studies on the ecological strategies of *Prosopis juliflora* in a dryland ecosystem, Journal of Arid Enviroments.66/1-15

ERDAS (2001). ERDAS Field Guide, 7th edition (Leica Geosystems GIS and Mapping), LLC

Everitt, J. H., D. E. Escobar, e Davis, M. R. (2001). Reflectance and image characteristics of selected noxious rangeland species. Journal of Range Management 54/106-120.

Felker, P. e Clark, P. R. (1981). Enraizamento de estacas de mesquite (*Prosopis*). Journal of Range Management 34/466-468.

Gausman, H.W., Menges, R.M., Escobar, D.E., Everitt, J.H. e Bowen, R.L. (1977). Pubescence affects spectra and imagery of silverleaf sunflower (*Helianthus argophyllus*), *Weed Science*, 25/437-440.

Geesing, M., Khawlani e Abba, M.L. (2004). Gestão das espécies de *Prosopis* introduzidas: A exploração económica pode controlar uma espécie invasora? Unasylva, 55/36-44.

Groves, R.H., Hosking, J.R., Batianoff, G.N., Cooke, D.A., Cowie, I.D., Johnson, R.W., Keighery, G.J., Lepschi, B.J. Mitchell, A.A., Moerkerk, M., Randall, R.P., Rozefelds, A.C., Walsh, N.G. e Waterhouse, B.M. (2003). Categorias de ervas daninhas para Gestão de Ecossistemas Naturais e Agrícolas. Department of Agriculture, Fisheries and Forestry (Ministério da Agricultura, Pescas e Florestas), Governo Australiano. Canberra.

Hailu, S., Demel, T., Sileshi, N. e Fassil, A. (2004). Algumas características biológicas que fomentam a invasão de *Prosopis juliflora* (Sw.) DC. na área do Middle Awash Rift Valley, nordeste da Etiópia. *Journal of Arid Environments, 58/135 -154.*

Hellden, U. (1987). An Assessment of Woody Biomass, Community Forests, Land use and Soil Erosion in Ethiopia: a Feasibility Study on the use of Remote Sensing and GIS Analysis for Planning Purpose. Lund University Press, Lund.

Higgins, S.I., Richardson, D.M., e Cowling, R.M. (1999). Predicting the landscape scale distribution of alien plants and their threat to plant diversity. *Conservation Biology*, 213/303-313.

Hoffer, R.M. (1994). Challenges in Developing and Applying Remote Sensing to Eco-System Management (Desafios no Desenvolvimento e Aplicação da Detecção Remota à Gestão de Sistemas Ecológicos). Teledetecção e SIG na Gestão de Ecossistemas. Island Press, Washington, DC.

Hunt, E.R., James H., Everitt, Jerry C., Ritchie, M., Susan Moran, D. Terrance Booth, Gerald L. Anderson, Patrick E. Clark, e Mark S. Seyfried. (2003). Applications and Research Using Remote Sensing for Rangeland Management. Photogrammetric Engineering & Remote Sensing, 69/678

Hunziker, J. H., Poggio, L., Naranjo, C. A. e Palacios, R. A. (1975). Cytogenetics of some species and natural hybrids in *Prosopis* (Leguminosae). Canadian Journal of Genetics and Cytology 17/253-262.

Jensen, J. R. (2004). Introductory Digital Image Processing. ed. Prentice-Hall. NJ

Kassahun, Z., Yohannes, L. e Olani, N. (2004). *Prosopis juliflora*: Potenciais e problemas. Arem 6/1-10.

Krueger, D. W., Coble, H. D. e Wilkerson, G. G. (1998). Software para mapeamento e análise da distribuição de ervas daninhas: WeedMap. Agronomy J. 90, pp. 552-556.

Lambin, E. F. (1994). Modelização dos processos de desflorestação: uma revisão. Série TREES B: Relatório de Investigação 1, Comissão Europeia, EUR 15744 PT.

Landis, J. R. e Koch, G. G. (1977). The Measurement of Observer Agreement for Categorical Data. Biometria 33/159-174.

Larsson, R.A. e Stromquist (1991). A Practical Approach to Satellite Image Analysis for Environmental Monitoring. Land Focus Ab, Uppsala.

Lillesand, T. M., e Kiefer, R. W. (1994). Remote sensing and image interpretation /4th ed./ Wiley. Nova Iorque

Lillesand, T.M. e Kiefer, R.W. (2000). Teledetecção e Interpretação de Imagem. John Wiley and Sons, Inc. (2000). New York.

Lu, D., Mausel, P., Brondízio, E. e Moran, E. (2004). Técnicas de Detecção de Alterações. International Journal of Remote Sensing 25/2365-2407.

Mather, P.M. (1987). Processamento Computadorizado de Imagens de Sensoriamento Remoto: Uma Introdução. Biddles Ltd.

Maio, A.M.B., Pinder III, J.E., e Kroh, G.C. (1997). A comparison of Landsat Thematic Mapper and SPOT Multispectral imagery for the classification of shrub and meadow vegetation in northern California, U.S.A. International Journal Of Remote Sensing, , 18/ 3719-3728.

MOA (1997). Land Resource Inventory for the Afar National Regional State (Inventário dos Recursos Fundiários do Estado Regional Afar). Departamento de Gestão e Regulamentação dos Recursos Naturais, Ministério da Agricultura, Adis-Abeba.

Mohamed, A.E.F. (1997). Tropical Forestry Report (Relatório Florestal Tropical): Management of *Prosopis juliflora* for use in agroforestry systems in the Sudan. Tese de doutoramento. Universidade de Helsínquia, Helsínquia.

Mohr, P. (1971). The Geology of Ethiopia. Universidade de Adis-Abeba, Adis-Abeba.

Monmonier, M. (2002). Spying with Maps. University of Chicago Press, Chicago.

Mwangi, E. e Swallow, B. (2005). Invasion of *Prosopis juliflora* and local livelihoods: Estudo de caso da zona do lago Baringo, no Quénia. ICRAF Working Paper- No. 3, World Agroforestry Centre, Nairobi.

Pasiecznik, N.M. (1999). *Prosopis* - peste ou providência, erva daninha ou árvore milagrosa? Newsletter da European Tropical Forest Research Network. 28/12-14.

Pasiecznik, N.M., Felker, P., Harris, P.J.C., Harsh, L.N., Cruz, G., Tewari, J.C., Cadoret, K. e Maldonado, L.J. (2001). O Complexo *Prosopis juliflora-Prosopis* pallida: Uma monografia. HDRA, REINO UNIDO.

Pasiecznik, N.M., Harris, P.J.C. e Smith, S.J. (2004). *Identifying Tropical Prosopis Species (Identificação de Espécies de Prosopis Tropicais): Um Guia de Campo.* HDRA, REINO UNIDO.

Pino, J., Font, X., Carbo, J., Jove, M. e Pallares, L. (2005). Correlatos em grande escala de invasão de plantas alienígenas na Catalunha. Conservação Biológica 122/339-350.

Rezene, F., Mekasha, C. e Mengistu, H.G. (2005). Spread and Ecological Consequences of Parthenium *hysterophorus* in Ethiopia. Arem 6/11-23.

Richards, J.A. (1999). Remote Sensing digital image analysis (análise de imagens digitais por teledetecção). Springer-Verlag, Berlim.

Richardson, A. J., Escobar, D. E., Gausman, H. W. e Everitt, J. H. (1981). Use of Landsat-2 data technique to estimate silverleaf sunflower infestation, Proceedings of Machine Processing of Remotely Sensed Data Symposium, 23-26 June, Purdue University, West Lafayette, Indiana.

Riebsame, W. E., Parton, W. J. e Galvin, K. A. (1994). Integrated modeling of land-use and cover change. *BioScience* 44/350-356.

Sen, D. N. e Mehta, M. (1998). Seasonal variations of Seasonal status of metabolic status of *Prosopis juliflora*. pp. 35-37. In: Espécies de Prosopis nas Zonas Áridas e Semi-Áridas da Índia. (Eds.) J. C. Tewari, N. M. Pasiecznik, L. N. Harsh e P. J. C. Harris. *Prosopis* Society of India and the Henry Doubleday Research Association, Reino Unido.

Senayit, R., Agajie, T., Taye, T., Adefires, W. e Getu, E (2004). Invasive Alien Plant Control and Prevention in Ethiopia (Controlo e

Prevenção de Plantas Exóticas Invasoras na Etiópia). Pilot Surveys and Control Baseline Conditions (Levantamentos Piloto e Condições de Base do Controlo). Relatório apresentado à EARO, Etiópia e CABI no âmbito da fase PDF-B do Projecto PNUA/GEF. Removing Barriers to Invasive Plant Management in Africa (Remoção de Barreiras à Gestão de Plantas Invasivas em África). EARO, Adis Abeba.

Shetie, G. (2007). The Ecological Distribution and Socio-Economic Impacts of *Prosopis juliflora* in Amibara Woreda Afar National Regional State, nordeste da Etiópia. Tese de Mestrado, Universidade de Adis Abeba, Adis Abeba.

Shiferaw, H. (2002). Algumas características biológicas que fomentam a invasão de *Prosopis juliflora* (Sw.) DC. na zona do Middle Awash Rift Valley, Nordeste da Etiópia. Tese de Mestrado, Universidade de Adis Abeba, Adis Abeba.

Shiferaw, H., Teketay, D., Nemomissa, S. e Assefa, F. (2004). Algumas características biológicas que fomentam a invasão de *Prosopis juliflora* (Sw.) DC na área do Middle Awash Rift Valley, Nordeste da Etiópia. Journal of Arid Environments 58/135-154.

Singh, A. (1989). Digital change detection techniques using remotely sensed data. International Journal of Remote Sensing 10/989-1003.

Singh, G. e Singh, T.N. (1993). Mesquita para a revegetação de terras salinas. Boletim No.18, Central Soil Salinity Research Institute, Karnal, Haryana.

Stenback, M., e Congalton, R. G. (1990). Usando Imagens de Mapeamento Temático para examinar Understorey Forest, Photogramatic Engineering and Remote Sensing, 56/1285-1290

Taye, T., Ameha, T., Adefiris, W. e Getu, E. (2004). Biological Impact Asssessment on Selected IAS Plants on Native Species Biodiversity (Avaliação do Impacto Biológico em Plantas NIC Seleccionadas sobre a Biodiversidade de Espécies Nativas). Relatório apresentado à EARO, Etiópia e CABI na fase PDF-B do Projecto GEF do PNUA - Removing Barriers to Invasive Plant Management in Africa. EARO, Adis Abeba.

Tibabu, A. (1997). Park versus Pastoralists: resource conflicts in the Awash valley of Ethiopia. M.Sc Thesis, Universidade Agrícola da Noruega, Noruega.

Trounce, B. and Dellow, J. (2007) Weed strategies following drought, fire and flood. Primefact 372. Departamento de Indústrias Primárias de NSW, Orange.

Vitousek, P.M., Antonio, D., Loope, L.L., e Westbrooks, R. (1996). Biological invasions as global environmental change American Scientist, 84/468-478.

Worku, A., Tessema, T. e Engeda, G. (2004). Biological impact assessment of selected invasive alien alien species selected on native species biodiversity in Rift valley, Ethiopia. Prosseguimento do simpósio sobre a reabilitação das florestas de terras secas na Etiópia: Ecologia e Gestão, Mekele.

Yirgalem, A. (2001). Challenges, opportunities and prospects of Common Property Resources Management in the Afar Regional Areas. FARM-Africa, Adis-Abeba.

Zaveleta, E.S. e Royval, J.L. (2002). Climate change and the susceptibility of U.S. ecosystems to biological invasions (Alterações climáticas e a susceptibilidade dos ecossistemas dos EUA a invasões biológicas): Dois casos de expansão de gama esperada. Wildlife Responses to Climate Change.S. H. Schneider e T. L. Root (eds). Washington, Island Press.

Zedler, J.B. & Kerceher, S. (2004) Causes and Consequences of Invasive Plants in Wetlands: Opportunities, Opportunists and Outcomes *Critical Reviews in Plant Sciences* 23, 431-452.

UMPPENDICES

Apêndice 1. *P. juliflora* Transect Survey

UNIVERSIDADE DE ADDIS ABEBA

ESCOLA DE PÓS-GRADUAÇÃO DO DEPARTAMENTO DE CIÊNCIAS DA TERRA DOS ESTUDANTES

UNIDADE DE TELEDETECÇÃO E GIS

Enumerador: _______________________________

Título: Análise espacial e temporal de *Prosopis juliflora* (Swarz) DC Invasão em Amibara woreda do NRS Afar

ID	Uso do solo\ cobertura do solo	Leitura de GPS		Altitude (metro)	*P. juliflora* Conde	Localização	Estado
		Latitude (N)	Longitude(E)				

Apêndice 2: Observação ou controlo no solo

Pontos recolhidos

ID	Land-use/land cover	Latitude (N)	Longitude (E)	Altitude (m)	P. juliflora. count	Location	Status
1	Range Land	9.28991	40.37985	859	0	Alledaie	None
2	Range Land	9.29093	40.38038	855	0	Alledaie	None
3	Range Land	9.29204	40.38079	855	0	Alledaie	None
4	Range Land	9.29305	40.38119	851	0	Alledaie	None
5	Range Land	9.29414	40.38156	852	0	Alledaie	None
6	Range Land	9.29597	40.38211	853	0	Alledaie	None
7	Range Land	9.2969	40.38288	853	0	Alledaie	None
8	Range Land	9.2969	40.38368	851	0	Alledaie	None
9	Range Land	9.29786	40.38406	850	0	Alledaie	None
10	Range Land	9.29876	40.38462	850	0	Alledaie	None
11	Range Land	9.28373	40.31631	812	5	Alledaie	Low
12	Range Land	9.28278	40.31674	811	1	Alledaie	Low
13	Range Land	9.28188	40.31714	811	12	Alledaie	Low
14	Range Land	9.28088	40.31766	812	0	Alledaie	None
15	Range Land	9.28002	40.318	813	15	Alledaie	Low
16	Settlement	9.27717	40.30247	810	22	Alledaie	Low
17	Settlement	9.27865	40.32249	808	35	Alledaie	Low
18	Settlement	9.27954	40.30218	807	0	Alledaie	None
19	Settlement	9.28033	40.30129	806	0	Alledaie	None
20	Settlement	9.28104	40.30057	807	145	Alledaie	Highly
21	Range Land	9.28132	40.30026	808	120	Alledaie	Highly
22	Range Land	9.28226	40.30022	803	58	Alledaie	Medium
23	Range Land	9.28347	40.30016	804	13	Alledaie	Low
24	Range Land	9.28419	40.29937	809	33	Alledaie	Low
25	Range Land	9.28482	40.29861	803	30	Alledaie	Low
26	Range Land	9.2716	40.24536	810	140	Alledaie	Highly
27	Range Land	9.27208	40.24435	803	126	Alledaie	Highly
28	Range Land	9.27208	40.24318	805	123	Alledaie	Highly
29	Range Land	9.27299	40.24229	803	160	Alledaie	Highly
30	Range Land	9.2736	40.24142	802	158	Alledaie	Highly
31	Settlement	9.27686	40.22705	797	73	Berta	Medium
32	Settlement	9.27597	40.22633	799	79	Berta	Medium
33	Settlement	9.27521	40.22566	802	69	Berta	Medium
34	Settlement	9.27566	40.22501	801	89	Berta	Medium
35	Settlement	9.27633	40.22424	803	35	Berta	Low
36	Settlement	9.28499	40.21969	804	29	Berta	Low
37	Settlement	9.28417	40.21898	801	17	Berta	Low
38	Settlement	9.28507	40.2183	801	76	Berta	Medium
39	Settlement	9.28577	40.21901	798	0	Berta	None
40	Settlement	9.28655	40.21827	795	57	Berta	Medium
41	Shrub Land	9.29168	40.21635	796	35	Berta	Low
42	Shrub Land	9.29078	40.21598	793	84	Berta	Medium
43	Shrub Land	9.29003	40.21567	789	33	Berta	Low
44	Shrub Land	9.29048	40.2148	782	30	Berta	Low

45	Shrub Land	9.2912	40.21393	776	13	Berta	Low
46	Cultivated	9.33051	40.20029	730	0	Serkamo	None
47	Cultivated	9.33053	40.1992	729	0	Serkamo	None
48	Cultivated	9.33053	40.1982	731	0	Serkamo	None
49	Cultivated	9.33055	40.19715	728	0	Serkamo	None
50	Cultivated	9.33057	40.19617	724	0	Serkamo	None
51	Invaded	9.29457	40.17913	736	160	Beduln ali	Highly
52	Invaded	9.29411	40.17981	734	130	Beduln ali	Highly
53	Invaded	9.29337	40.18061	734	164	Beduln ali	Highly
54	Invaded	9.29393	40.17836	737	158	Beduln ali	Highly
55	Invaded	9.29304	40.17776	738	154	Beduln ali	Highly
56	Canal	9.28567	40.17379	734	0	Melka.	None
57	Canal	9.28473	40.17341	739	0	Melka.	None
58	Canal	9.28371	40.17295	736	0	Melka.	None
59	Canal	9.28259	40.17246	737	0	Melka.	None
60	Canal	9.28167	40.17206	736	0	M Melka.	None
61	Saline land	9.26958	40.14999	740	0	Melka.	None
62	Saline land	9.27035	40.14946	737	5	Melka.	Low
63	Saline land	9.27153	40.149	736	4	Melka.	Low
64	Saline land	9.27245	40.14871	740	0	Melka.	None
65	Saline land	9.27352	40.14835	736	6	Melka.	Low
66	Settlement	9.29003	40.14203	736	0	Arateama	None
67	Settlement	9.32838	40.18052	744	0	Melka.	None
68	Settlement	9.32892	40.18135	739	22	Melka.	Low
69	Settlement	9.3299	40.18161	739	5	Melka.	Low
70	Settlement	9.33095	40.18148	744	4	Melka.	Low
71	Settlement	9.33199	40.18157	736	4	Melka.	Low
72	Acacia	9.38828	40.15631	717	0	Bedkamo	None
73	Acacia	9.38927	40.1562	729	0	Bedkamo	None
74	Acacia	9.39013	40.15605	757	0	Bedkamo	None
75	Acacia	9.39097	40.15595	747	12	Bedkamo	Low
76	Acacia	9.39213	40.15659	736	0	Bedkamo	None
77	Settlement	9.39635	40.17041	730	20	Sheleko	Low
78	Settlement	9.39571	40.17116	731	30	Sheleko	Low
79	Settlement	9.39575	40.17212	728	25	Sheleko	Low
80	Settlement	9.396	40.17309	728	4	Sheleko	Low
81	Settlement	9.39659	40.17386	726	28	Sheleko	Low
82	Open	9.48949	40.27516	711	0	keeliate	Low
83	Open	9.48974	40.27600	718	0	keeliate	None
84	Open	9.48933	40.27699	719	0	keeliate	None
85	Open	9.48919	40.27801	715	0	keeliate	None
86	Open	9.48882	40.27922	719	0	keeliate	None
87	Open	9.51881	40.30398	717	0	Angelleli	None
88	Open	9.51802	40.30336	719	0	Angelleli	None
89	Open	9.51692	40.30315	719	0	Angelleli	None
90	Open	9.51597	40.30291	719	0	Angelleli	None
91	Bare land	9.49955	40.31063	722	0	Buri	Bare

92	Bare land	9.49864	40.31095	723	0	Buri	Bare
93	Bare land	9.49755	40.31106	722	0	Buri	Bare
94	Bare land	9.49655	40.31108	724	0	Buri	Bare
95	Bare land	9.49551	40.31104	724	0	Buri	Bare
96	Shrub Land	9.48919	40.3044	724	0	Buri	None
97	Shrub Land	9.48998	40.30506	723	0	Buri	None
98	Shrub Land	9.49072	40.30567	724	0	Buri	None
99	Shrub Land	9.49138	40.30643	724	9	Buri	Low
100	Shrub Land	9.49189	40.30728	724	17	Buri	Low
101	Settlement	9.4978	4030826	726	0	Bilen	None
102	Invaded	9.3664	40.21151	725	225	Ambash	Highly
103	Invaded	9.43558	40.21098	718	216	Ambash	Highly
104	Invaded	9.43472	40.21045	724	238	Ambash	Highly
105	Invaded	9.43385	40.20991	722	220	Ambash	Highly
106	Invaded	9.43293	40.20939	725	215	Ambash	Highly
107	Cultivated	9.43626	40.20448	728	0	Ambash	None
108	Cultivated	9.43609	40.20367	727	0	Ambash	None
109	Cultivated	9.43713	40.20282	725	0	Ambash	None
110	Cultivated	9.43761	40.20189	724	0	Ambash	None
111	Cultivated	9.43809	40.20096	725	0	Ambash	None
112	Settlement	9.43607	40.20601	727	1	Ambash	None
113	Settlement	9.43703	40.20633	732	1	Ambash	None
114	Settlement	9.4379	40.20685	728	30	Ambash	Low
115	Settlement	9.43876	40.2074	729	20	Ambash	Low
116	Settlement	9.43952	40.20786	723	50	Ambash	Low
117	Fallow Land	9.31107	40.19621	735	200	Adobetele	Highly
118	Fallow Land	9.31042	40.19722	735	200	Adobetele	Highly
119	Fallow Land	9.30973	40.19781	736	212	Adobetele	Highly
120	Fallow Land	9.30911	40.19876	736	231	Adobetele	Highly
121	Fallow Land	9.30841	40.19923	738	205	Adobetele	Highly
122	Settlement	9.3988	40.32704	815	20	Andido	Low
123	Settlement	9.39889	40.3283	812	0	Andido	None
124	Settlement	9.39854	40.33012	813	0	Andido	None
125	Settlement	9.39751	40.33188	812	0	Andido	None
126	Settlement	9.39966	40.32623	806	15	Andido	Low

Observações:
 Baixo = terreno pouco invadido (< 30 P. *juliflora count*)
 Média = terra invadida média (30 a 90 P. *juliflora*)
Altamente = terras muito invadidas (> 100 P. *juliflora*) Nenhuma = nenhuma contagem de P. *juliflora*

Apêndice 3: Características dos 3 sistemas de sensores ASTER

(Manual do Utilizador ASTER)

Subsiste	Band	Gama	Resoluç	Níveis de
VNIR	1	0.52-0.60	15	8 bits
	2	0.63-0.69		
	3N	0.78-0.86		
	3B	0.78-0.86		
SWIR	4	1.60-1.70	30	8 bits
	5	2.145-2.185		
	6	2.185-2.225		
	7	2.235-2.285		
	8	2.295-2.365		
	9	2.360-2.430		
TIR	10	8.125-8.475	90	12 bits
	11	8.475-8.825		
	12	8.925-9.275		
	13	10.25-10.95		
	14	10.95-11.65		

Apêndice 4. Distribuição aproximada complexo P. juliflora-P. pallida

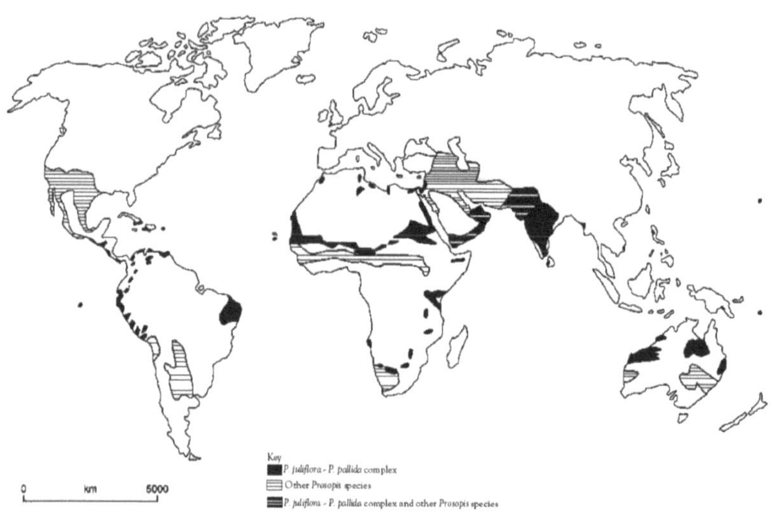

Printed by Books on Demand GmbH, Norderstedt / Germany